假飞碟，才是真科学

[中国台湾]杨宪东◎著

FAKE UFO, REAL SCIENCE

北京理工大学出版社
BEIJING INSTITUTE OF TECHNOLOGY PRESS

图书在版编目（CIP）数据

假飞碟，才是真科学 / 杨宪东著 . —北京：北京理工大学出版社 , 2015.7

ISBN 978-7-5682-0529-0

Ⅰ . ①假… Ⅱ . ①杨… Ⅲ . ①航空器－普及读物 Ⅳ . ① V27-49

中国版本图书馆 CIP 数据核字（2015）第 095263 号

北京市版权局著作权合同登记号 图字 01-2014-7897 号

出版发行 / 北京理工大学出版社有限责任公司

社　　址 / 北京市海淀区中关村南大街 5 号

邮　　编 / 100081

电　　话 / (010) 68914775（总编室）

　　　　　82562903（教材售后服务热线）

　　　　　68948351（其他图书服务热线）

网　　址 / http://www.bitpress.com.cn

经　　销 / 全国各地新华书店

印　　刷 / 北京市玖仁伟业印刷有限公司

开　　本 / 710 毫米 ×1000 毫米　1/16

印　　张 / 14　　　　　　　　　　　　　　　　责任编辑 / 张慧峰

字　　数 / 140 千字　　　　　　　　　　　　　　文案编辑 / 张慧峰

版　　次 / 2015 年 7 月第 1 版　2015 年 7 月第 1 次印刷　　责任校对 / 周瑞红

定　　价 / 34.00 元　　　　　　　　　　　　　　责任印制 / 李志强

序言

缺少了外星访客的地球，在浩瀚宇宙中看起来会是多么孤单与无助。人们总是期待飞碟的出现、外星人的到访，因此，当飞碟的照片、外星人的影带模糊不清时，人们宁愿选择相信；当目击者的说辞似有矛盾、没有说服力时，人们心中总还预留着三分的接受度。在感性与理性的夹击下，飞碟与外星人总脱离不了其扑朔迷离的面貌，事件的真真假假、假假真真，造成了信者恒信、不信者恒不信的现象。

真正的科学研究强调实验的可重复性，并且所得实验结果不因人、时、地、物的改变而有所变化。显然，对于飞碟的研究，由于缺乏可资实验的本体，自然也无所谓可重复性的实验结果。由于飞碟研究不满足于传统的学术标准，所以被称为伪科学。这种"真飞碟是假科学"的论点，其实也反映了目前飞碟研究的困境与无奈：纵使真正的外星飞碟存在，如何能在公开的环境下，让我们重复进行科学的检测与实验？

当真飞碟还被锁在机密档案里时，飞碟世界的主场却已经悄悄来到"假飞碟"身上了。半个世纪以来，对于许许多多不明飞行物的目

假飞碟，才是真科学

Fake UFO, Real Science

击事件，除造假与误判者外，剩下的不明飞行物的确都是飞碟，只不过它们是假飞碟——人造飞碟。事实显示，一连串不同年代的不明飞行物的目击事件，正是人造飞碟的发展史。

对于一般民众将人造飞碟渲染成外星飞碟，官方其实乐观其成，因为这样有助于掩护机密计划的执行，不会让新型飞行器提早曝光。20世纪后半期，就在"外星飞碟"烟幕弹的掩护下，各国暗地里都在进行着各种人造飞碟的研发。时至今日，美国最先进的三角形飞碟飞行器TR-3B，其实跟真飞碟已快没有什么区别了。

外星飞碟的飞行原理超越目前人类科学可以理解的范围，但人造飞碟的飞行原理却是已知物理定律的应用，它是看得到、可以理解的实际科学，所以我们说"假飞碟才是真科学"。本书的科学单元设计即是在为读者整理、分析人造飞碟背后的科普知识。至于"真飞碟"的飞行知识，就留给真正的飞碟专家去介绍吧。

就像外星飞碟一样，人造飞碟不仅要能在地表飞行自如，也要能够深入太空，进行星际飞行，所以，它的设计与制造牵涉到从地球到太空的多学科知识。当人造飞碟在地表附近飞行时，必须利用圆盘产生的升力去克服重力，这牵涉到的是空气动力学的问题；当飞碟进入太空进行星际飞行时，必须克服数百、数千光年的距离障碍，这牵涉到喷射推进及时空旅行的问题。为了涵盖人造飞碟跨越天地的广泛科学知识，本书引入21个科学单元，配合10个科学实验，并配以100多张科学插图，精彩解说飞碟飞天入地的原理。其中前9个单元介绍人造飞碟在地表飞行时所需要用到的航空科学知识，后12个单元则介绍星际飞行所牵涉的天文及太空科学知识。

单元	科学主题	科学知识	科学实验
1	外星访客		
2	假飞碟才是真科学	假飞碟的多样性科学	
3	遥控飞碟	康达效应	飞盘腾空实验
4	人造飞碟 与直升机的结合	计算机辅助设计、机构学、空气动力学	两用型飞行器的组装与飞行测试
5	飞碟的误判：隐形战机	先进隐形战机的发展	
6	德国人造飞碟	无叶片喷射发动机运作原理	舒伯格的"无烟无焰发动机"实验
7	美国人造飞碟	美国空军的三角形飞行器 TR-3B	
8	俄罗斯的埃基皮飞碟计划	边界层控制、矢量控制、气垫技术	
9	商业化的飞碟交通工具	飞碟机的设计	
10	宇宙时空路遥遥	先锋 10 号无人探测船的星际之旅	
11	星际旅行第一停靠站：半人马座阿尔法星	距离太阳系最近的恒星	

单元	科学主题	科学知识	科学实验
12	星际航行计划的实现：核聚变火箭	代达罗斯星际宇宙飞船的设计	
13	美国百年星舰计划：人造太阳	人造太阳（核聚变）原理	国家点火设施(NIF): 激光核融合实验
14	逼近光速：反物质火箭	反物质如何产生	反物质侦测实验
15	时空旅行指南：狭义相对论	光速为何不变	光速不变实验
16	飞碟的飞行原理1：时间扩张	时间为何膨胀	光子时钟实验
17	飞碟的飞行原理2：长度缩减	长度为何缩减	孪生子时空旅行
18	飞碟的飞行原理3：空间扭曲	空间如何扭曲	自由落体实验
19	企业号星舰的宇宙之旅	如何时空旅行	
20	星际超级航舰：地球	你我都是航天员	跨越浩瀚宇宙的星际飞行模拟实验
21	外星人与现代人类的起源	现代人类起源之谜	

　　地表附近的飞行因距离较短、飞行速度在声速的等级，所以属于牛顿力学的范围。利用牛顿力学的知识，我们将分析飞碟圆盘如何离地腾空而起，并通过简单的压力泵（即英文 pump，泵）实验，示范让铝箔圆盘腾空而起的康达效应。用看的，不如自己动手做一架！第 3 单元将教读者如何 DIY（Do it yourself，即自己动手做）制作一架遥控飞碟，而且保证所用的材料在一般的遥控飞机模型店都买得到。

　　飞碟的起飞与传统飞机、直升机有何不同？其飞行性能的优越性在哪里？这些是本书第 4 单元所要探讨的主题。同时，这一单元也将介绍一款结合飞碟圆盘与直升机旋翼片的新型遥控飞行器，它由作者主持的飞行控制与模拟实验室所研发。读者将看到从学理分析、CAD 计算机辅助设计、CNC 工具机加工成型，到实际飞行测试一系列遥控飞碟的研发过程。讲解了飞碟飞行的基本原理之后，第 5 单元到第 9 单元将介绍各国载人飞碟的发展过程及现状。如果与一架"二战"前的德国"别隆采"飞碟相对比，今日的人造飞碟无非就是外星飞碟的翻版。

　　在本书的后半部分，人造飞碟将离开太阳系进入星际太空。星际飞行所跨越的距离是以光年计算的，速度则提升至光速的等级，属于相对论力学的范围。常识告诉我们，距离 100 光年的星球，人造飞碟纵使用光速飞行，也要 100 年才能到达。这样的观念称为"牛顿的绝对时空观"，在地球上适用，在外层空间就不适用了。星际旅行时，时间与空间可以互相转换，这使得飞碟可以用很短的时间飞越很长的星际距离。所以，对时空转换不熟悉的读者，在体验星际飞行之前得先

假飞碟，才是真科学
Fake UFO,Real Science

翻阅一下本书第 15 到第 18 单元中所介绍的时空旅行指南——《狭义相对论》。在这些单元中，将通过简单的高中物理实验，解说奇妙的相对论效应：时间膨胀与长度缩减。

人类星际旅行的第一停靠站：半人马座阿尔法星（南门二），它是离太阳系最近的恒星。星际旅行冒险小说经常出现这样的剧情：当地球人口爆炸导致资源耗尽，或是遭到小行星撞击而面临毁灭时，人类必须针对半人马座的阿尔法星进行开发与殖民活动。这样的情形可能成真，因为就在 2012 年，天文学家发现了半人马座阿尔法星的外围，真的运行着一颗像地球的行星。虽然载人的飞碟还未出发前往，但人类的先遣部队——航海家 1 号无人探测船，却早已启程了（见第 11 单元）。

关于载人星际飞碟的研发（见第 12、13 单元），英国星际学会的伊卡洛斯星际航行计划，以及美国的"百年星舰"宇宙航行计划，继承了 20 世纪代达罗斯计划的理念，企图制造一艘 5 万吨级的巨型核聚变（核融合）飞船，能以 12% 光速飞行，预计花 100 年的时间抵达另一个恒星系统。核聚变飞船的研发不仅是星际航行成败的关键，也关系到地球永续能源的建立。如今，激光核聚变在实验室里创造了以前只有在恒星内部深处才存在的情况。现在，人类不再只是被动地接收来自外层空间的太阳光来发电，而是直接在地球上建造人类专属的"太阳"来发电。若将这人造太阳配置在宇宙飞船上，则数十光年、甚至数百光年的星际航行都终将被实现。

核聚变飞碟仅能达到光速的 12%，但若要进行时空跳跃，飞碟的速度必须要接近光速，这唯有启动反物质火箭才能办得到。本书第 14 单元将介绍以反物质为燃料的星际飞碟。当正物质与反物质相互接触时，会发生湮灭并以伽马射线的形式释放出大量的能量。太空中存在着许多反物质粒子，如果飞碟在飞行途中能够持续收集并加以利用，飞碟将能永续飞行。为了揭开反物质的神秘面纱，丁肇中博士的反物质侦测器已于 2011 年安装在国际太空站上，而侦测器的监控中心就设在中国台湾中山科学研究院的龙园研究园区内。

以目前科技发展的速度，地球上的人类不出百年即可开发出星际旅行的人造飞碟，能够到达太阳系以外的星球。当地球上的外星人还在虚无缥缈之中时，地球人反倒先成了他方星球的外星人；人造飞碟到了他方，则变成名副其实的外星飞碟了。

在本书的第 19 单元，我们将乘坐企业号星舰进行一趟宇宙之旅。联邦企业号星舰安装有反物质动力系统，可实现曲速飞行，以光速抵达宇宙中任何一个地方。星舰内的计算机将按照"相对论"的公式，一一算出星舰每年可飞行的距离，并预测出星舰在第 23 年时，飞抵 100 亿光年远的宇宙边缘。虽然这一星际奇航只是模拟飞行，但可别忘了此时此刻我们每一个人确实都位于一艘巨无霸星舰——地球上。

地球号星舰跟随着太阳以每秒 250 千米的高速绕着银河系中心旋转，还好有大气层当防护罩，帮我们挡去了高速粒子、宇宙射线与陨石的撞击。前面介绍的人造飞碟充其量只是地球号星舰的小型侦察机，所有的后勤补给都要由地球母船提供。母船内同时搭载着

70 多亿航天员，其内部有限的资源正被快速地消耗着。身为航天员的我们应当好好珍惜，节省使用，多留一些资源给我们下一代的航天员吧！

杨宪东　2013 年春于台南

目 录
CONTENTS

目 录
CONTENTS

1 外星访客

处在这样一个拥塞紧张的生活环境里，听听来自地球外面访客的故事，确实能带给人们桃花源世界的一点温馨。也许并没有人真正到过桃花源，但桃花源世界所带给人们的遐思与期盼，使得我们宁愿相信它是存在的。

人们对于外星人、飞碟、幽浮（UFO）、星外访客、超自然现象等之期盼也是相同的道理。先不管目前科学界对幽浮存在的各种正反意见如何，有谁会去刻意阻挠星外访客这类假设（或事实）的存在呢？若真有外星人存在，将确定人类在宇宙中并不孤独，或许还有可能加入星系社会，使地球人成为真正的宇宙人。这是全人类的梦想，若真的有那么一点蛛丝马迹显示外星生命是有可能存在时，可以想象这将带给地球上的人类多大的喜悦与鼓舞。

缺少圣诞老公公的圣诞节，将没了幸福、感恩与欢乐的味道，这跟圣诞老公公的真假、存不存在没有直接的关联。缺少了外星访客的地球，在浩瀚宇宙中看起来会是多么孤单与无助。因此，当幽浮的照片、外星人的影带模糊不清，或似有造假时，人们还是期待那是真的飞碟；

假飞碟，才是真科学
Fake UFO,Real Science

当目击者的说辞似有矛盾、没有说服力时，人们心中总还保留着三分的相信度；当大地艺术家故作神秘地在麦田上呈现他们的作品时，人们总宁愿相信那是来自天外的讯息。宇宙太空是我们的终极故乡，是我们心中的桃花源，当还不能身历其境时，电影《E. T. 外星人》[1]与大地艺术的虚拟实境稍微宽慰了我们渴望的心灵。

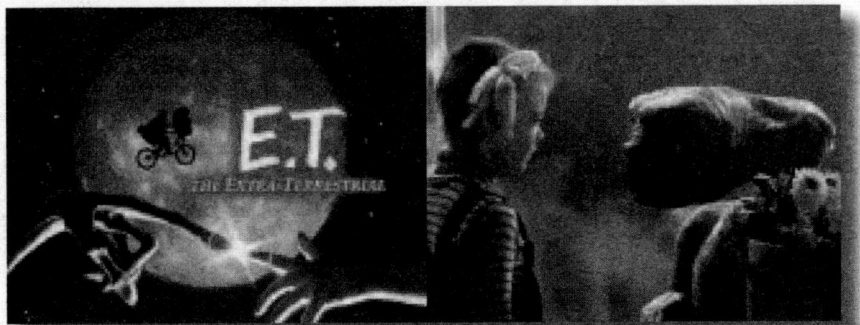

图1.1 《E. T. 外星人》，1982 年 6 月 11 日于美国首映，是无数人童年的梦想，很多孩子看过之后都会幻想自己也有个这样的 E. T. 朋友。

图片来源：http://so.uploadimage.cn/search/?l=cn&query=e%2Et%2E%CD%EA% D5% FB % B0%E6

1982 年，由好莱坞导演史蒂文·斯皮尔柏格所执导的温馨科幻电影《E. T. 外星人》，正是反映了人类渴望有外星朋友的梦想。一个遗落在地球上的外星人，与小男孩艾里奥特成了好朋友。艾里奥特瞒着妈妈偷偷收留了孤独无助的 E. T.，虽然言语上无法沟通，但是他们的感情却跨越了外在的障碍而联系在一起；虽然在外形上，小男孩与 E. T. 有如此大的差异，但他们都有着一颗善良、渴望爱和互相呵护的

[1]E. T. 是 Extra-Terrestrial 的缩写，代表"地球之外"的意思。

童心。孤独的 E. T. 和同样孤独的艾里奥特成了最好的朋友，于是他们都不再孤独。他们之间奇妙的心灵感应，帮助小男孩艾里奥特克服万难，有惊无险地将 E. T. 送回到了他自己的星球。

电影《E. T. 外星人》给人们留下印象最深的就是在那月圆之夜，小男孩在 E. T. 的帮助下，骑车腾空而起的画面。从此以后，圆月和腾空骑车的身影成了这部电影的经典画面。如今 30 年过去了，每当人们遥望夜空时，E. T. 与小男孩之间美好的友谊仍仿佛出现在圆月之中。小男孩艾里奥特就是全体人类的缩影，小男孩与 E. T. 之间的友谊，反映了我们对天外访客的期待与善意。

根据盖洛普民意调查的结果，相信幽浮外星人存在的比例远远超过不相信者，这样的调查结果是可以想象的。纵使有人持反对意见，并掌握一些不利于幽浮存在的证据，在学术的抗辩上也许获得一时的胜利，但在内心深处证实桃花源（天外访客）不存在，总不是一件令人愉快的事情，尤其在这么一个拥塞纷扰的生活环境里。

《ID4 星际终结者》（Independence Day，常简称为 ID4）是美国 1996 年上映的一部科幻片，导演是罗兰德·艾默里克，以阻止外星人入侵为主题。7 月 2 日，一艘巨型的太空飞船（外星人的母船）进入地球轨道，并释放了 30 多个小型飞船（子飞船／子船）进入地球大气层，停留在世界几大城市上空，造成人们的恐慌。外星人又利用小型飞船上先进的定向攻击武器摧毁了许多大城市，美国总统（比尔·普尔曼饰）等人乘坐空军一号侥幸从被摧毁的华盛顿逃出，并驾驶外星人的战机将计算机病毒植入母船的控制系统内，使能量盾失效，同时还向母船发射核武器将其摧毁。

图1.2 1996年电影《ID4星际终结者》（Independence Day，威尔·史密斯主演）中出现的超大型飞碟母船。
图片来源：http：//hypesphere.com/?p=4963

　　在近几十年来的幽浮事件中，充斥着大量的照片、影片与目击者报告，再加上人们主观上梦想与期待的投射，使得幽浮事件真真假假、假假真真，信者恒信，不信者恒不信。真正的学术研究强调实验的可重复性，并且所得实验结果不因人、时、地、物的改变而有所变化。显然，对于幽浮存在性的研究，由于缺乏可资实验的本体，自然也无所谓可重复性的实验结果。因为幽浮研究不满足严格的学术标准，所以有些人称之为"伪科学"。

　　不过，我们不要忽视了心智的力量，佛家认为万法由心生，我们所处的现象界，正是全体人类心智投射的结果。不管幽浮与外星访客是真是假，在人们大量意识的投射下，就连幽浮的影子也有可能拟塑成具体的形象。在《相对论》的质能互换原理下，不仅质量可转换成能量，能量也可逆转成物质。心智的投射与聚焦可产生能量，更何况是全球人类心智的投射，其所产生的巨大心智能量足以幻化成具体的物质。

顺着这个观点来分析，我们自然能够明白美国空军的战斗机为何越来越有飞碟的味道；我们自然能够明白为何麦田圈越来越精细复杂，越来越有"天外讯息"的味道；因为这些持续性的改良都是集体心智的力量在背后推动着。如果有一天人类的战斗机造得跟飞碟一模一样，我们还需要去辩论幽浮的存在性吗？如果有一天，大地艺术家们所制作的麦田圈与自然天成的麦田圈一模一样时，我们还需要去辩论麦田圈的图案真的是"天外讯息"的展现吗？

2 假飞碟
才是真科学

UFO（Unidentified Flying Object）是不明飞行物的简称，译成幽浮。在一般人的观念里，幽浮就是外星访客所搭乘的飞行器，幽浮现在似乎变成了外星人的代名词。其实幽浮的本意就像其原来的英文字义，只是用来表达无法识别的飞行物，与外星人没有直接的关联。一般大众用肉眼目击或用照相机、摄影机所拍摄到的所谓"不明飞行物"，当通过精密仪器解析影像后，大部分都变成了可识别的飞行物，例如：民航机、战斗机、飞船、发光气球、人造卫星、陨石、遥控飞机，等等。

那些连科学仪器都无法判别的"不明飞行物"又可以分成两大类：

1. **碟形飞行器**：亦即俗称的飞碟，20 世纪中叶前的飞碟事件似乎都能和外星人扯上关系。那个时代没有电子媒体，没有网络，信息只能通过报纸与广播电台传播，导致事件的真假经常变成一场罗生门。如果飞碟坠落事件发生在今天，那么，在全球现场直播以及各种电子媒体不同角度、不同分辨率的监视之下，飞碟与外星人的真真假假即无所遁形了。如果是真的，则可通过高分辨率的画面以杜悠悠之口；如果是假的，就该让飞碟与外星人事件尽早尘埃落定，不要时不时就回放一次半世纪前的戏码。

在缺乏具体新物证的条件下，目前争辩飞碟的真假实在没有意义。然而，当真飞碟还在虚无缥缈之时，飞碟世界的主场却已经悄悄来到"假飞碟"身上了。这里所说的假飞碟就是人造飞碟，20世纪中叶以后出现的飞碟，几乎都是人造飞碟。美国最先进的三角形飞碟飞行器TR-3B（参见第7单元的介绍），其实跟真飞碟已没有两样了，其飞行性能也远远超越德国早期的"别隆采圆盘"。

这些假飞碟的制造，用的都是最先进的航空技术，所以我们说，假飞碟才是真科学。本书的单元设计即是在为读者解说人造飞碟背后的科普知识。至于"真飞碟"，就留给飞碟专家去伤脑筋吧。

2. 隐形战机：UFO是很好的烟幕弹，可以掩护一些军事大国正在进行的新一代飞行器的研发，以免技术机密提早曝光，被竞争国赶上。例如：美国洛克希德公司于20世纪50年代制造的U-2侦察机，直到1960年被苏联击落而曝光，在此之前已飞行了8年，常被当作是不明飞行物。另外，还有一些常被误判为不明飞行器的最新隐形战机，我们将会在第5单元中介绍。

关于UFO与外星人的最新资料，是2012年美国联邦调查局（FBI）公布的一份探员备忘录，证实1947年的确有三架UFO坠落，每架里面确有三具外星人尸体。但正如所预期的那样，这份个人证词及相关的模糊照片还是无法说服那些不相信飞碟的人。以下是我们整理的历年来关于 UFO 与外星人的文献报告，但是要注意的是，这些报告所描述的内容都是基于目击者的个人说法，我们很难再进一步确认它们的真实性。

● 目击者所见的飞碟形状 [1]

（1）**超小型无人探测机**：直径三十厘米左右，会飞进房屋内，通常为球形或圆盘形。

（2）**小型侦察机**：直径在一到五米左右，有人目击此型飞碟降落，并走出外星人，在周围进行调查。

（3）**标准型联络船**：为最常见的 UFO，可能是外太空与地面间的联络船，地球人被掳到飞碟的事件，几乎都是此型飞碟。

（4）**大型母船**：直径由几百米到数千米，以圆筒形及圆盘形居多，出现的高度在一至二万米，没有降落在地面的目击案例。

● 各国官方幽浮机密文件

（1）2001 年 3 月，美国中央情报局（CIA）首次大规模解密 UFO 档案，包括 1947 年美国本土首个目击 UFO 档案，在华盛顿州上空看到 9 个碟状飞行物超高速飞过，一直到 1991 年的档案。

（2）2008 年 2 月，英国国防部公开首批 UFO 档案，其中一宗被认

---

[1]《飞碟新探索》，江晃荣著，帝教出版社，1993 年。

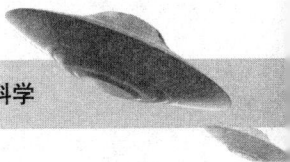

为最可信的 UFO 事件，是 1977 年皇家空军多名军官在诺桑伯兰看见一个巨型发光圆形 UFO 悬浮在海上，之后更分开变形，其中一部分变得像身体，有手有脚，雷达也侦测到这一神秘物体。

（3）2009 年 3 月，法国国家航天研究中心公开近半世纪 UFO 档案，其中 1981 年在普罗旺斯有农民看见直径 2.5 米银灰色飞碟降落田间后飞走，留下烧灼痕迹。

（4）2011 年 3 月，英国公开 1997 年至 2005 年 UFO 档案，其中有目击者称：1989 年，在伦敦看见外星人，外形像根有手有脚的蓝色香蕉。

● 目击者的现身说法

1947 年 7 月 7 日，美国新墨西哥州罗兹威尔市（Roswell）居民，目击 UFO 坠落军事基地附近的沙漠，美军起初承认发现了 UFO，更发表声明：空军第八大队第 509 轰炸队，幸运地取得该飞碟。《每日纪事报》指军方正安排检查。UFO 坠落的消息随即成为天大新闻，但隔天报纸忽然转口风，指坠毁的只是一个"带着雷达反应器的气象探测气球"；同时美军召开记者会，表明"根本没飞碟这回事"，并禁止电台播放相关消息。

一位参与当年解剖的华盛顿大学医学博士出面作证，杜鲁门总统当时下令回收 UFO 残骸及外星人尸体，并指出外星人的特征如下：

（1）身高约 1 米到 1.4 米，手臂长到膝盖以下。

假飞碟，才是真科学
Fake UFO,Real Science

坠落在沙漠中的飞碟

图2.1　1947年7月7日，美国新墨西哥州罗兹威尔市（Roswell）居民，目击 UFO 坠落军事基地附近的沙漠。飞碟呈圆形状，中间拱起，直径约 50 尺（15.2 米）。

图片来源：http：//holyeagle.com/personal/docview.asp?docno=1341

（2）眼睛大而深，眼眶凹入。

（3）耳朵只在头部两侧有凹洞，没有耳壳及耳垂。

（4）只有鼻孔没有鼻梁，嘴巴很小，只有一道裂缝。

（5）皮肤极厚，呈灰褐色光泽，全身无毛发。

（6）手指头仅四根，没有大拇指且没有脚趾。

（7）血液呈淡绿色，具强硫黄味。

（8）没有生殖器，四肢没有肌肉层。

（9）彼此长得很像，如同模型铸造出来一般。

　　1947 年，美国新墨西哥州罗兹威尔市的飞碟坠落事件有关解剖外星人的所有过程（参见图 2.2），美国空军人员当时曾制作了一部长达

91 分钟的影片。一名现已 82 岁高龄的前美国摄影师曾拷贝这部影片，并将其交给一位他在美国遇见的英国纪录片制作人。后来，该影片辗转到英国幽浮研究协会手中，并首次在 1995 年 8 月于英国北部雪菲德大学召开两天的幽浮会议中播放。

将近 20 年来，这部影片已在世界各地公开放映过，引起全球 UFO 迷的高度关注。对于全世界的飞碟迷而言，这部影片是支持飞碟存在的重要证据。 在该片中，有美国科学家解剖一具外星人尸体的镜头，其他部分则为飞碟残骸的纪录。该影片曾交给柯达公司检验，证实影片材质的确是 20 世纪 40 年代的产品。

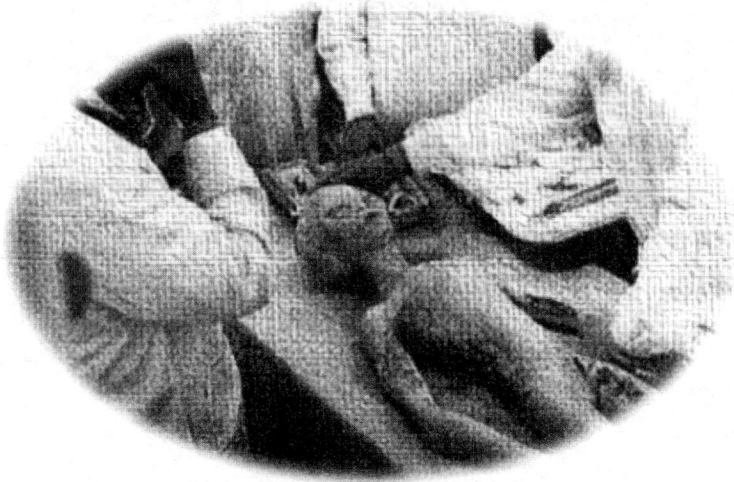

图 2.2 在 1947 年美国新墨西哥州罗兹威尔市的飞碟坠落事件中寻获的外星人的尸体，医护人员正进行解剖工作的镜头。

图片来源：http://hkstudy.net/ufo/al/al.htm

● 2012 年 FBI 幽浮机密档案解密

2012 年为美国新墨西哥州"罗兹威尔飞碟坠毁事件"65 周年，美国联邦调查局（FBI）公布一份探员备忘录（参见图 2.3），证实当年（1947年）的确有三架 UFO 坠落，每架里面还有三具外星人尸体。

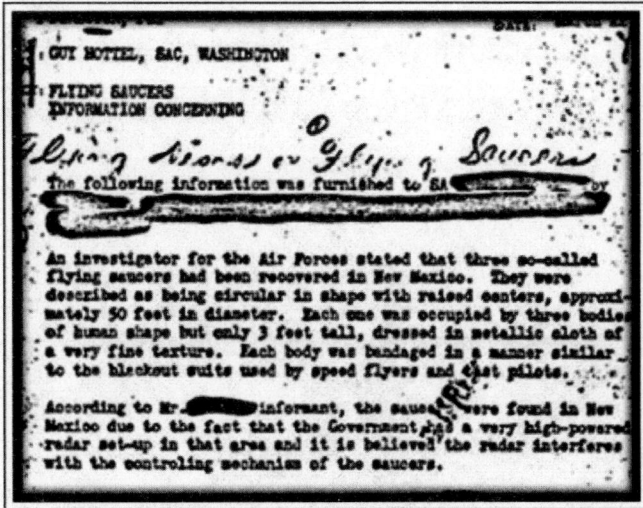

图2.3 FBI在2012年公布名为"地窖"（The Vault）的网上数据库，公开探员霍特尔（Guy Hottel）于1950年3月22日向FBI局长发送名为"飞碟"（Flying Saucers）的备忘录。

图片来源：http://hkreporter.loved.hk/talks/viewthread.php?tid=1142338

FBI 在名为"地窖"（The Vault）的网上数据库，公开探员霍特尔（Guy Hottel）于 1950 年 3 月 22 日向 FBI 局长发送的标题为"飞碟"（Flying Saucers）的备忘录。这一天已事隔罗兹威尔 1947 年初传 UFO 坠落消息两年多，驻守首都华盛顿 FBI 办公室的霍特尔，在备忘录中引述一

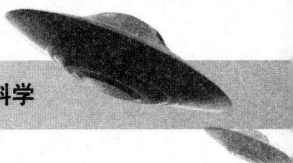

名空军调查员的证词，指出当局确实在新墨西哥州发现 3 架飞碟，及多具穿金属紧身衣的外星人尸体。

虽事隔 65 年，这份资料的部分内容，与传说中 1947 年发生于罗兹威尔的飞碟坠毁事件不谋而合。霍特尔在备忘录里引述空军调查员的话，推断美国政府在当地所设置的高性能雷达干扰了飞碟的控制系统而导致其坠毁。

宇航员米切尔博士是第 6 名踏足月球的人，1950 年，他驻华府主管"太阳神十四号"计划，曾于当年 3 月参与撰写飞碟备忘录。米切尔指出，除了 FBI 档案之外，罗兹威尔事件是真的，外星人曾数次与地球人接触，他表示在军方和情报界都有消息来源，证明外星人造访地球和 UFO 确实无误。他表示在美国太空总署（NASA）工作时，得悉不少 UFO 造访地球的消息，但多国政府却选择欺骗公众，将消息隐瞒了 60 年。八十岁的他形容外星人头大眼大，个子比人类小，外形跟传统中的印象差不多。他指出人类科技比不上外星人，如果外星人对人类有敌意，人类早就灭亡了。

2012 年，除了 FBI 所公布的飞碟备忘录外，一名叫法兰奇的前空军中校（Richard French）自称参与了该次任务，并且利用电子脉冲武器打下 2 架飞碟。他表示事发时他正在罗兹威尔进行飞行训练，军方当时派出实验飞机，发射电子脉冲击中两架飞碟，飞碟随即失去控制，直接冲撞地面。法兰奇提到，当飞碟坠毁后，军方立刻派人回收残骸及尸体。他看过坠毁现场的照片，这些飞碟机身上刻有像是阿拉伯文字的铭文，就像是对每个成员的编号一样。法兰奇认为美国不愿公开这项外星人活动的原因，主要是怕伤害人们对军队的信任，同时，外星人存在的真相代表人类在宇宙中不是独一无二的，这一事实也将损及欧美主要宗教信仰的威信。当然，对于法兰奇的说法，仍有部分专家质疑其真实性。

●中国古籍的记载

1. 历代天文志及地方志有不少关于天空神秘现象的记载

·**宋**：公元 1226 年 4 月 13 日，空中有黄色的气，从东北横贯西南，其中有十几个白色的物体飞来飞去，差不多维持了两个多小时才消失。

·**明**：公元 1512 年 8 月 6 日夜，山东省招远市境，发现空中悬浮了一条红色的龙并发出火光，从西北往东南盘旋而上，天空随即传来鼓声。

·**清**：公元 1869 年 12 月 4 日，忽如雷声震，天空裂开一百多米，其中有光芒闪烁，坠下一巨大物体，红得像炉火，光芒照耀得如同白昼。

2. 宗教经典的记载

《旧约圣经》中的耶和华(ELOHIM)一语，在古希伯来文中是指"从天空飞来的人"，因此有一派学者认为 ELOHIM 应是外星人 [1]，而"启示录"是外星人留给地球人的讯息。摩西、释迦牟尼、耶稣、穆罕默德等先知都是 ELOHIM 外星人派遣到地球上来辅导人类正常成长的使者。

3. 人类和外星人的"第四类接触"

外星人在 1973 年曾主动接触一位叫做雷尔的法国记者，通过他传

---

[1]《圣经外星人》，吕应钟著，http://www.thinkerstar.com/lu/essays/religion/bible.html

布一些讯息。雷尔描述他被飞碟载往另一个行星，亲眼看到外星人利用基因塑造新生命的经过。外星人还告诉他，构成人的原子内还存在其他具有智慧的生命；另外，地球及其他所有的星球只不过是一个巨型生命里的原子，而这个巨型生命也正在冥想，另一个天空是否还有其他生命存在。此外，还有许多人类与外星人接触的事件被拍成电影。

●飞碟究竟来自何方

·**地球外文明说**：此说认为外星人乘坐 UFO 在宇宙旅行，远古时代曾在地球上建立高度文明国家，后来离开地球，留下许多无法解释的遗迹，如金字塔。

·**秘密兵器说**：此说认为 UFO 可能是地球上某一国所开发的秘密武器。

·**地球空洞说**：此说认为地球中心是空的，有高度文明的生物住在里面，UFO 是他们乘坐的飞行器。

·**水中文明说**：此说认为古代具有高度文明的都市沉入水中，时常乘 UFO 到地面来。

·**时间旅行说**：此说主张 UFO 是超越时间障壁，由未来世界来到地球的。

·**超地球人说**：此说主张在我们所住的三次元世界之外，有更高次元的世界存在。纵使在同一地球上，也居住着许多次元不同的生物，而飞碟即是来自其他次元的飞行物。

·**集合无意识说**：此说主张 UFO 并非来自其他世界，而是人类潜意识下的产物。

虽然每种说法都有其依据，但根据实际的观察记录，下列两点应是比较没有争议的。

（1）飞碟可以在三度空间和高度空间之间穿梭自如，所以，飞碟可以在我们眼前突然出现，突然消失。

（2）不管飞碟是来自与地球重叠的高度空间，还是来自远方的空间，其必须具有时空转换的能力，可以进入未来，也可以回到历史。

关于以上各个主题的讨论，目前已有非常多的专业网站提供多元且深入的分析，有兴趣的读者只要输入关键词，即可搜寻到数以万计的相关数据。对于幽浮的研究，一般人可能会觉得只是茶余饭后的消遣娱乐，其实，一位幽浮研究者要说服别人相信幽浮的存在，他所要涉猎的知识面得相当广，这至少包含下列几门学科：太空科技、天文物理、天文生物、历史学、考古学、宗教、灵学、相对论、喷射推进原理，等等。

但是，只要牵涉到"真飞碟"的研究，不确定性就来了。例如：我们可以推论或假设飞碟的各种可能飞行推进原理，但是哪一种假设才正确呢？这就无人知道了，因为真飞碟的样本实在太少，或者说是几乎没有，所以我们无法确认哪一种假设才正确。在一般的科学研究中，我们可以进行各种实验来验证哪一种假设才是正确的；但是在飞碟的研究中，我们却没有真飞碟可以拿来做实验。这是飞碟研究无法建立公信力的主要原因。所以目前的情况是，真飞碟的研究反而变成了假科学。

　　但人造飞碟的研究就不一样了，它是具体的飞行器，可以通过各种实验去验证并改良它的飞行性能，就好像我们在研发其他的飞行器一样。人造飞碟的制作会运用到各种科学定律，并需要结合许多科学知识，所以我们说，假飞碟（人造飞碟）才是真科学。

3 遥控飞碟

人造飞碟的飞行原理是"康达效应"（Coanda Effect）。当气流由上方吹向飞碟，气流会沿着碟身流动，降低飞碟上方的压力并增加下方的压力，于是飞碟便能升空。这是喷射引擎之父亨利·康达（Henri Coanda，1886-1972）所发现的效应。1932 年，亨利·康达在布加勒斯建造碟形飞行器，这是世界上第一个人造飞碟。

●康达效应的水流实验

康达效应主要描述了两个流体力学的原理。第一个原理就是有名的伯努利（Bernoulli）定律：流速较快的区域，压力较低。如果用式子来表达，则为

$$\frac{1}{2}V^2 + \frac{p}{\rho} = 定值 \tag{3.1}$$

其中 V 是流体的速度，p 是流体的压力，ρ 是流体的密度。所以，为了保持式（3.1）为定值，当速度增大时，压力就必须下降；当流体速度为零时，其压力最大。

图 3.1 的简单水流实验清楚呈现了康达效应。汤匙左侧的气流由

于水柱的带动，产生向下的速度，故压力比常压小。汤匙右侧的气流则接近停滞的状态，速度为零，压力等于常压（一个大气压）下的压力。因此，汤匙右侧压力大于左侧，故空气产生一个向左的作用力，将汤匙往左推。

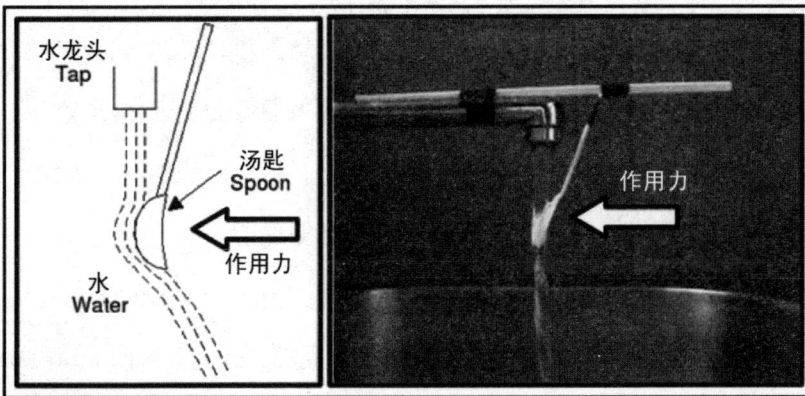

图 3.1 康达效应是伯努利定律的应用。速度越快，压力越低。汤匙的左边，空气随水柱而下，速度快，故压力低；汤匙的右边，空气静止，压力高。左右两边的压力差，使得汤匙受到一个向左的作用力，被推向水柱。

图片来源：http://physlab.ep.nctu.edu.tw/DLAB/research/super_pages.php?ID=DLrh8&Sn=62

当汤匙被推往水柱时，我们看到了康达效应的第二个流体现象，本来竖直往下的水流，便顺着汤匙弯曲的表面而流动，从而改变了水柱的动线。这是因为水与汤匙之间存在黏滞力，使得水"黏贴"着汤匙的表面而流动，而在汤匙的表面形成一层边界层流。不过，水的黏滞效果有一定的极限，当汤匙与水柱的夹角过大时，水柱即会脱离汤匙的表面。

●康达效应的圆盘腾空实验

现在，我们利用康达效应来制造一个简单的飞碟。我们将图 3.1 中的水流改成空气流，汤匙改成铝箔碟罩。图 3.2 展示了一个利用康达效应使铝箔碟罩腾空的实验。将来自压缩机的高压空气（100 Pa）导入塑料管中，塑料管的出口处连接一个扩散圆盘，高速气体沿着扩散圆盘水平喷射出来。根据康达效应，当碟罩面弯曲度变化不大时，空气将会沿着铝箔碟罩的表面而流动，于是，气流的流动造成了碟罩上方的气压低于常压。反之，碟罩下方（亦即碟罩内部）的气流近似停滞，其气压等于常压。因此，罩面下方的压力大于上方的压力，从而产生一向上的作用力，使得铝箔碟罩腾空而起。此实验是由 Jean-Louis Naudin 完成于 1999 年，实验图片取自其个人网站：http://members.aol.com/naudin509。

根据实验结果，加在铝箔碟罩的向上作用力与来自压缩机的空气压力成正比。塑料管内的空气压力越大，从扩散圆盘喷出的气体速度越快，在碟罩上方形成的压力就越低（根据伯努利定律），因此，上、下压力差越大。影响压力差的另一个因素是碟罩表面的弯曲度（斜率），碟罩表面的斜率如果太大，将造成气流无法全程贴着碟罩面流动，而提前分离。分离的气流会造成扰动，使速度减缓、压力增加，从而降低上、下压力差的效果。

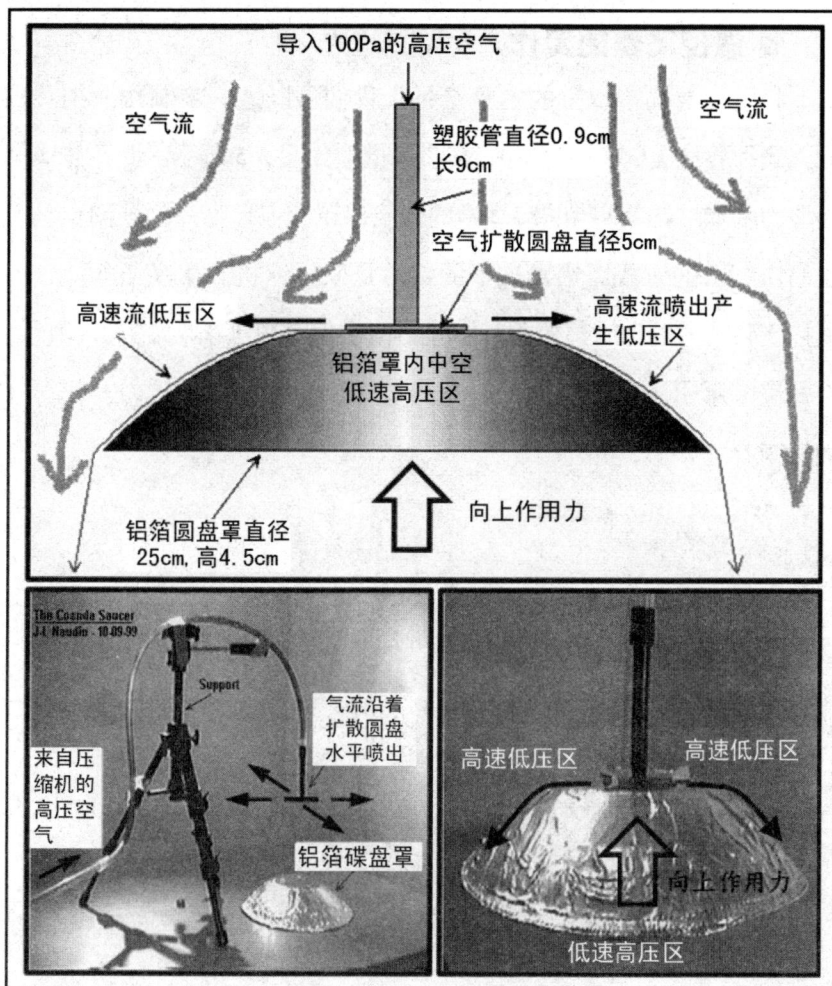

图 3.2 利用康达效应使铝箔碟碟罩腾空的实验。来自压缩机的高压空气导入塑料管中，塑料管的出口处连接一个扩散圆盘，高速气体沿着扩散圆盘水平喷射出来，并流过铝箔碟罩，造成低压区。上、下压力差使得铝箔碟碟罩腾空而起。此实验由 Jean-Louis Naudin 完成于 1999 年，实验图片取自其个人网站：http://members.aol.com/naudin509

● 遥控飞碟的实作

　　利用铝箔碟罩腾空的实验结果，我们可以进一步制作一架飞碟无人飞行载具（UFO UAV），其实体模型如图 3.3 所示。此飞碟实体模型的基本结构其实与图 3.2 中的铝箔碟罩相似，唯一的不同点是产生高压气流的方式。铝箔碟罩的实验是以压缩机产生高压气流，而遥控飞碟是通过螺旋桨的旋转将上方的空气牵引下来。如图 3.4 所示，被螺旋桨牵引下来的气流流过碟身造成低压区，上下压力差使得飞碟腾空。

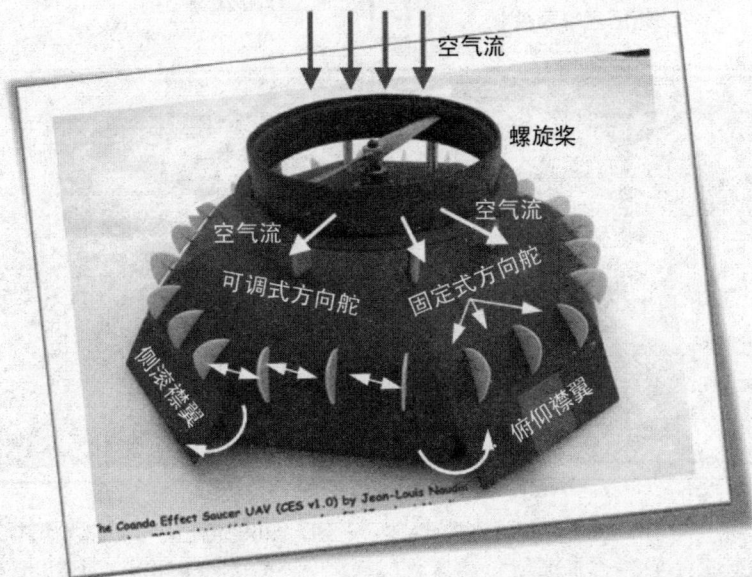

图 3.3 由 Jean-Louis Naudin 所设计制作的遥控飞碟。碟身上的白色小叶片是方向舵，碟身下方可张开的部分是襟翼。

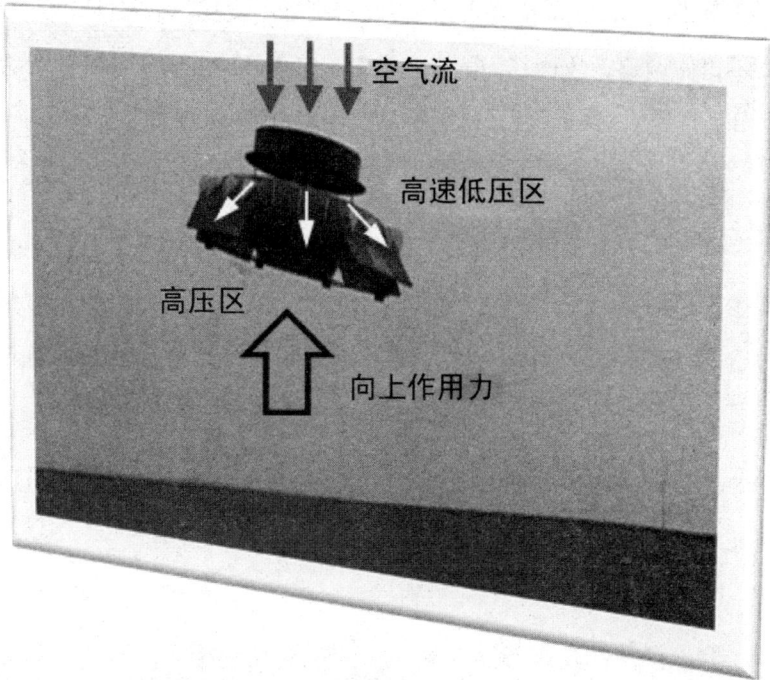

图 3.4 螺旋桨的旋转将空气牵引下来，流过碟身造成低压区，上下压力差使得飞碟腾空，并通过襟翼的打开角度来控制飞碟的左右、前后倾斜。
图片来源：http://diydrones.com/profile/JeanLouisNaudin

　　另外，遥控飞碟比铝箔碟罩多了控制的机制，它可以通过襟翼的打开角度来控制飞碟的左右倾斜（侧滚，rolling）、前后倾斜（俯仰，pitching），并通过方向舵来控制碟身的旋转方向（偏航，yawing）。关于遥控飞碟的控制翼面，可分成四大类加以说明：

1. 固定式方向舵

　　由于作用力—反作用力机制，螺旋桨的旋转会造成碟身往相反的方向旋转（anti-torque），固定式方向舵就是要造成碟身旋转的阻力。适当调整固定式方向舵的角度，使得碟身刚好不旋转。一旦此角度确定后，就不再做调整，故称其为固定式方向舵。如图 3.3 所示，固定式方向舵总共有四组，每组三片，每组以间隔 90°的安装方式环绕在碟身四周。

2. 可调式方向舵

固定式方向舵的作用是反抗螺旋桨，刚好使得碟身不转；而当飞碟要做顺时针或逆时针旋转时，则是通过可调式方向舵的偏打角度来改变碟身所受到的扭矩方向。可调式方向舵的拉杆机构如图 3.5 的中间右图所示，拉杆向左、向右拉，所拉的角度都是由压电伺服器控制，而压电伺服器又要接收来自地面的遥控指令。图 3.3 显示的固定式方向舵与可调式方向舵以交错的方式安装在碟身的四周。

3. 俯仰襟翼

飞碟襟翼的功能与固定翼飞机的襟翼功能相同，都是用来增加翼面的面积以提高升力。如图 3.5 中的右下图所示，当前方俯仰襟翼打开后，有助于提升康达效应（气流紧贴着碟身流过），增加向上的作用力。因而抬高了前方的机身，使飞碟往后飞行。反之，如果后方俯仰襟翼打开，机身后方被抬高，飞碟则往前飞行。

4. 侧滚襟翼

侧滚襟翼的运作机制与俯仰襟翼完全相同，只是安装的位置不同，侧滚襟翼安装在左右两侧，造成机身向左倾斜或向右倾斜，进而产生向左或向右的侧向移动。

图 3.5 呈现飞碟无人飞行载具的机构设计及主要零组件。图 3.5 的上图显示飞碟的立体透视图。可以看到其底座呈现八边形，其中的四

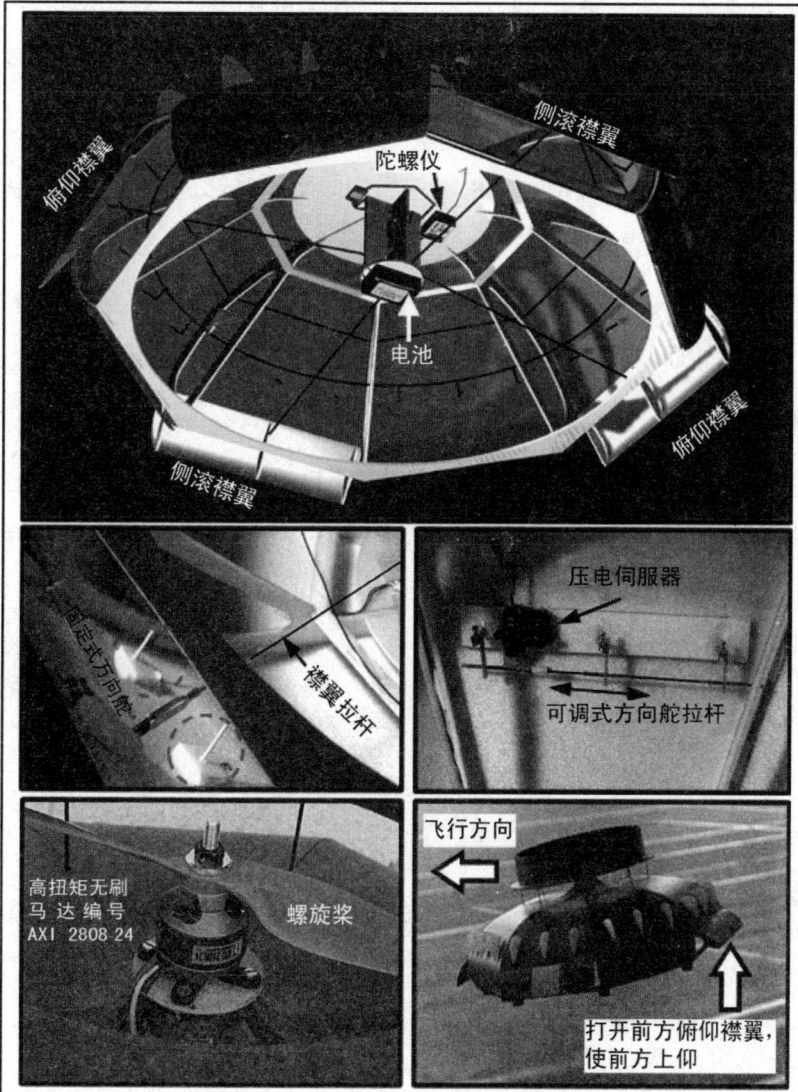

图 3.5 飞碟无人飞行载具（UFO UAV）的机构设计及主要零组件。设计图及组装步骤
参考网站：www.jlnlabs.org。右下角的图显示飞碟飞行的情况，前方俯仰襟翼打开后，
碟身前方受到向上的升力，使碟身后仰，进而向后飞行。

假飞碟，才是真科学

Fake UFO,Real Science

个底边是可移动的襟翼，另外四个底边是不可移动的机身结构。有四根拉杆连到可动襟翼上，控制其伸缩。四根拉杆的另一端则连接圆盘中心处的步进马达。为了维持碟身处于水平状态，利用两颗陀螺仪检测机身的姿态角，其中一颗检测前后的倾斜（俯仰运动），另一颗检测左右方向的倾斜（侧滚运动）。

陀螺仪所检测到的讯号再回授给步进马达，带动拉杆去修正襟翼的开展角度，以使得机身恢复水平的姿态。譬如，当俯仰陀螺仪检测到机身姿态向后方倾斜时（前高后低），这一讯号会传给俯仰马达去带动俯仰拉杆，俯仰拉杆再收回前方襟翼，以减小机身前方升力，使得前后方升力相等，保持机身的水平。遵循同样的机制，侧滚陀螺仪检测到的讯号回授给侧滚襟翼，用以保持机身左右方向的水平。

4 人造飞碟与直升机的结合

这一单元我们要介绍人造飞碟与传统直升机的结合。圆盘飞碟的浮力是借助上下的压力差所形成的，而浮力又和圆盘的面积成正比（浮力 = 压力差 × 面积）。当圆盘的面积相对于机身大小的比例不够时，单纯靠圆盘的浮力将不足以支撑全机的重量。圆盘飞行器有其优点，传统旋翼机（直升机）的好处更不用多说，如果能将两者的优点结合，说不定能产生更完美的飞行器。

下面我们介绍的是台湾成功大学航太所飞行控制与模拟实验室所研发的一款兼具旋翼机垂直起降与圆盘机高速巡航双重功能的全新概念两用型飞行器[1]。

此两用型飞行器的关键技术在于"同轴双层圆盘旋翼"的机构设计（参见图 4.1），机身类似传统直升机，在机身上方装置双层圆盘，每片圆盘周围各延伸出两支旋叶片，两层圆盘连同旋叶片由主引擎驱动朝相反方向转动，目的在于使两层圆盘因旋转而作用在机身上

---

[1] 刘文雄，《两用型飞行器之改良与飞控系统之制作》，成功大学航太所硕士论文，1999 年。

的转动力矩能互相抵消。机身尾部另装一支螺旋桨，由另一具引擎
（副引擎）驱动，主要是提供飞行器于固定翼模式飞行时的前向推
力。我们实际制作了一架无线电遥控模型机，进行试飞，以验证此
设计概念的可行性，并于遥控模型机上装置必要的感测组件及制动
器，将此控制器、感测器连同模型机本体建构成一套闭回路控制系统，
借助此控制系统的控制，使飞行器具备姿态感测与控制的能力。

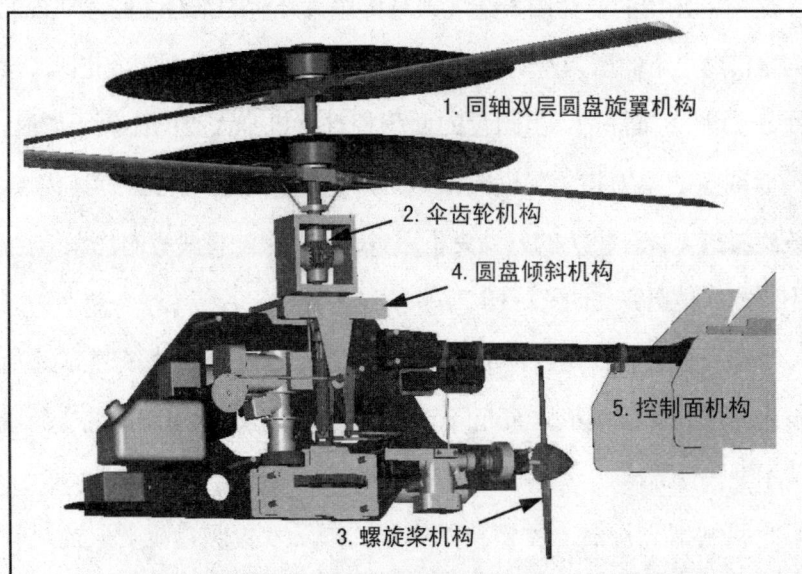

图 4.1 成功大学航太所飞行控制与模拟实验室所研发的一款兼具旋翼机垂直起降与圆
盘机高速巡航双重功能的全新概念两用型飞行器。图中显示此两用型飞行器的五大基本
结构。

图片来源：《两用型飞行器之改良与飞控系统之制作》，刘文雄，成功大学航太所硕士论文，
1999 年。

图 4.1 的计算机设计图显示出两用型飞行器的五大基本结构：

1. 同轴双层圆盘旋翼机构

上下两层圆盘各延伸出两支旋叶片，两盘以微小距离隔开不互相碰触，上层圆盘与内轴连接做正转，下层圆盘与外轴连接做反转，上下两盘转速相同，因此，两盘因旋转而产生的转动力矩，恰可互相抵消。"双层圆盘加旋翼"装置，是通过环架（Gimbal）机构与机身连接，借由控制连杆的驱动，可使圆盘具有纵向及横向倾斜的功能，用以改变飞行器飞行的方向和姿态。主旋翼旋叶片固定于圆盘上，其桨距（Pitch）固定不可变，旋叶片升力的大小由引擎转速决定，转速大，则升力大，反之，转速小，则升力小。

2. 伞齿轮机构

引擎转轴驱动下层伞齿轮转动，下层伞齿轮再通过侧向伞齿轮驱动上层伞齿轮。上、下伞齿轮再分别带动下、上层圆盘转动，由于每个伞齿轮的齿数与模数均相同，故上下圆盘能以相同转速，朝相反方向旋转，使其所产生的力矩互相抵消，不需尾旋翼产生侧向推力来制造反力矩。

3. 螺旋桨机构

其主要目的为产生向前推力，使得两用型飞行器获得所需要的前进巡航速度，此时流过圆盘的高速气流才能产生足够的升力支撑机身重量。螺旋桨的推力大小可由副引擎的转速快慢来调整，而副引擎转速的快慢，则取决于副引擎油门的大小。

4. 圆盘倾斜机构

圆盘转轴与引擎转轴之间以万向接头相连，万向接头一方面将引擎转轴的动力传给圆盘转轴，一方面允许圆盘转轴随圆盘做任意方向的倾斜。伞齿轮组基座以倾斜盘结构与机身支撑架连接，控制连杆连接至伞齿轮组基座，可推动伞齿轮组基座沿倾斜盘倾斜，进而带动圆盘朝所要的方向倾斜。圆盘的倾斜可以使刀力的方向改变，进而改变飞行的方向，但圆盘的倾斜仅能影响机身俯仰及滚转的动作，偏航的动作则需靠垂直安定面配合。

5. 控制面机构

· 俯仰（Pitch）控制：借由纵向控制连杆控制圆盘做前后方向的倾斜，以产生机身俯仰运动的变化。

· 滚转（Roll）控制：借由横向控制连杆控制圆盘做左右方向的倾斜，以产生机身滚转运动的变化。

· 偏航（Yaw）控制：借由垂直安定面的角度控制飞行器的偏航动作。

在经过空气动力学的分析与计算之后，我们采用计算机辅助设计与制造软件 I-DEAS 进行两用型飞行器遥控模型机零组件设计，流程归纳如下：

步骤一：设计模型机零组件的整体配置以及传动系统的传动机制。

步骤二：利用 I-DEAS 针对各个需要自行制作的零件进行设计，

设计时必须注意各个零件间组合时的配合度问题。

步骤三：在计算机中模拟所有零件的试组装，检查是否有干涉与互相牵制的问题，并予以修正。

步骤四：由 I–DEAS 对所有零件输入正确材料数据，计算机进行初步起飞重量的估计，同时估算出重心位置而进行配重。

步骤五：将完成设计的零件档案转换成 NC 码，交由 CNC 工作母机加工。

步骤六：在完成所有零件的采买与制作后，进行实际组装。

步骤七：进行试飞与改良。

全机零组件的组合图如图 4.2 所示，其中几个主要元件说明如下：

（1）**主引擎**　飞行器于旋翼机模式下的主要动力来源，其输出动力通过减速齿轮传递给万向接头，万向接头再将动力传递给转轴，以驱动旋翼转动。

（2）**副引擎**　飞行器于圆盘翼机模式下的主要动力来源，其输出的动力直接驱动螺旋桨转动以产生推力。

（3）**减速齿轮**　目的在于降低引擎输出的转速，以提高引擎输出的扭力，其减速齿轮比为 8 齿∶97 齿（参见图 4.3）。

（4）**万向接头**　负责将经过减速齿轮提高扭力后的引擎动力传递给齿轮箱转轴，并允许转轴在转动的同时具备二维倾斜的自由度。（参见图 4.3）

图 4.2 以计算机辅助设计与制造软件 I–DEAS 进行两用型飞行器遥控模型机零组件设计。上图为全机零组件组合图，下图为圆盘驱动齿轮连杆机构放大图。

图片来源：《两用型飞行器之改良与飞控系统之制作》，刘文雄，成功大学航太所硕士论文，1999 年。

（5）**齿轮箱** 负责将万向接头传递进来的引擎动力，平均分配给上、下两层圆盘，使其做等速、相反方向的旋转（参见图 4.3）。

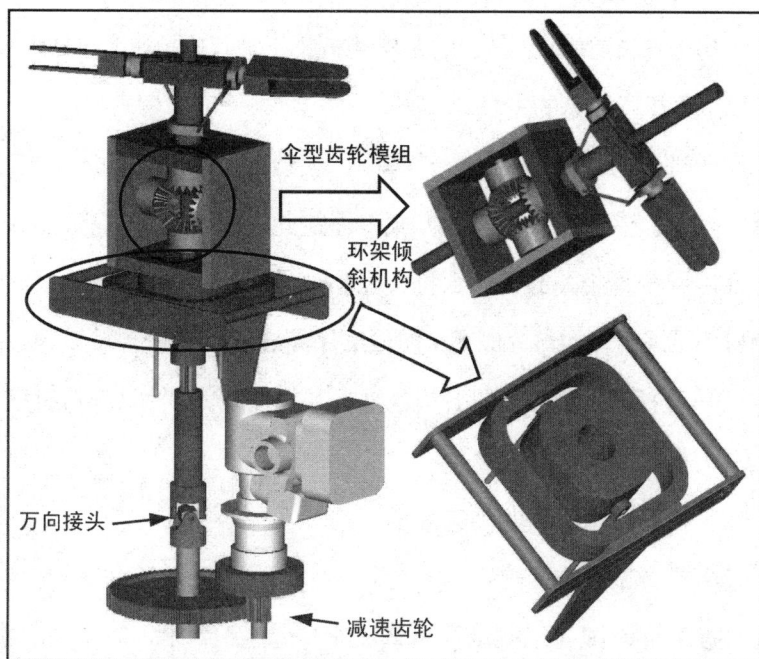

图4.3 伞型齿轮模组、环架倾斜机构、万向接头、减速齿轮等零组件的计算机辅助设
计图。

图片来源：《两用型飞行器之改良与飞控系统之制作》，刘文雄，成功大学航太所硕士论文，
1999年。

（6）**环架** 供齿轮箱安置之用，可做纵向及横向的转动倾斜（参
见图4.3）。

（7）**圆盘旋翼叶片** 在旋翼机模式时，其与齿轮箱的输出转轴连
接，由主引擎驱动圆盘、旋翼叶片的旋转，以产生升力。若在圆盘翼
机模式时，由副引擎产生的推力达到高速巡航时，借由圆盘产生升力。

（8）**螺旋桨** 由副引擎驱动旋转以产生水平前进推力。

（9）**垂直与水平安定面** 目的是增加飞行时的稳定性。

（10）**三轴陀螺仪** 其目的是感测机身三轴向的角速度，做回授控制，以达到机身姿态的平稳。

完成机体的计算机辅助设计与制作组装后，我们在其上面装置飞行感测仪器，借由无线传输的方式，遥控此模型机进行试飞，测试其飞行性能并测量相关的飞行数据，以验证设计的可行性。两用型遥控模型机的试飞工作，可分成七个阶段顺序完成。

·**第一阶段试飞**：找出设计上的缺失并加以改良，测试项目有三项：

（1）机体结构上的强度；

（2）控制翼面角度变化的大小；

（3）机身振动的问题。

·**第二阶段试飞**：测试副引擎性能有无达到要求，以及副引擎结构上的振动问题。根据实际试飞的结果，逐步修正副引擎结构设计上的缺失。

·**第三阶段试飞**：在旋翼机模式下（即没有安装双层圆盘情况下），由试飞员操控飞行器做垂直起降飞行，以测试其升力是否足够。同时，测试伺服马达驱动力是否足以推动连杆机构，来带动旋翼控制面倾斜，使得机身做俯仰及侧滚姿态的改变。

·**第四阶段试飞**：测试在停悬模式下，增稳控制器的运作效能。我们在模型机上装置三轴陀螺仪及控制器，此控制器能根据陀螺仪所测量到的机身姿态及地面操控员所下的命令，对制动器送出微调命令，用以增加飞行器飞行时的稳定性。所设计的自动稳定器（Auto-

Stabilizer），可以增加飞行器的稳定性（Stability Augmentation），使地面人员能更轻易地操控此架模型机。

·**第五阶段试飞**：先以旋翼机模式起飞后，做停悬飞行，再启动副引擎产生前进动力，测试模型机前进飞行的能力。此阶段未安装双层圆盘，只有上、下主旋翼运作。首先，由旋翼机模式做垂直起飞，副引擎此时先处于怠速情况，做停悬的动作；再由遥控方式控制副引擎油门大小，使得螺旋桨转速增加，以产生前进推力。此次试飞成功，验证了两种飞行模式：双层旋翼的垂直升降功能与螺旋桨推动的水平前进功能的同时运作（参见图4.4）。

图 4.4 第五阶段的试飞工作：先以旋翼机模式做停悬飞行，再启动副引擎产生前进动力，测试模型机前进飞行的能力。

图片来源：《两用型飞行器之改良与飞控系统之制作》，刘文雄，成功大学航太所硕士论文，1999 年。

· **第六阶段试飞**：结合前面五个测试阶段的成果及经验，本阶段试飞进入双层圆盘的安装及测试阶段，主要目的在于测试双层圆盘安装在传动轴之后的静、动力平衡。

· **第七阶段试飞**：测试双层圆盘加入之后，所产生的升力效果。本阶段的测试结果要和第五阶段的测试（没有安装圆盘）做比较，以便了解圆盘加装后，对于升力的提升效果如何（参见图4.5）。

图4.5 第七阶段的试飞工作：测试双层圆盘加入之后所产生的升力效果。
图片来源：《两用型飞行器之改良与飞控系统之制作》，刘文雄，成功大学航太所硕士论文，1999 年。

上面我们介绍了如何利用康达原理制造一架简单的遥控飞碟，并介绍了结合旋翼与圆盘翼制作的一架两用型飞行器。从中我们了解到，

制造圆盘型飞行器并不像想象中那么困难。组装过程中所需要的零组件，譬如：螺旋桨、小型无刷马达、步进马达、压电伺服器、陀螺仪、机身结构材料等，大部分可以在一般遥控模型店买得到，买不到的零组件，则可以通过计算机辅助设计结合数值加工机来制作。

载人的飞碟飞行器和遥控飞碟的原理大同小异，关键是驱动飞碟的动力来源。以目前引擎及航空发动机的发展技术，要提供飞碟飞行器，一个可靠且有效率的动力源是不成问题的。所以可想而知，这么多年来一定有许多私人的航空制造业和各国的空军部门进行着飞碟飞行器的研发与制造。

但与其他飞行器不同的是，人造飞碟的研发在各国都是被列为极机密的计划，纵使在试飞阶段被基地附近的民众目击，官方也不会公开承认是新型飞行器的试飞。对于一般民众将人造飞碟渲染成外星飞碟，官方非但不反对，而且还乐观其成，因为这样有助于掩护机密计划的执行，不会让新型飞行器提早曝光。

20世纪后半期所呈现的外星人热潮与诸多的飞碟目击事件，就是在上演这样一段故事：在"外星飞碟"烟幕弹的掩护下，各国暗地里进行各种假飞碟——人造飞碟的研发戏码。

5 飞碟的误判：
隐形战机

当大众还在为外星人与飞碟的存在性争论不休时，其实，各国政府在暗地里已经长期投入人造飞碟的研发竞赛。就政府部门而言，外星人与飞碟事件的真真假假、假假真真，正好营造了非常好的烟幕弹，掩护了自己国家正在进行的新一代飞行器的研发，以免技术机密提早曝光，被竞争国赶上。

1903年12月17日，莱特兄弟驾驶自行研制的固定翼飞机，实现了人类史上首次重于空气的航空器的动力飞行，不久以后，人们就开始思考碟形飞行器的研制了。早在1911年，美国发明家就制造出了伞式飞机。在"二战"期间，碟形飞行器的研发就得到了美国军方的支持，当时在该领域最为领先的当属德国。20世纪50年代，英国、加拿大、苏联和美国等国家利用"二战"结束时从德国专家手里获取的技术，掀起了军用飞碟的研发高潮。

几十年来，俄、美等航空大国从未放弃过对"飞碟"的研究。与普通固定翼飞机相比，碟形飞行器具有不少独特的性能，例如：

（1）展弦比小，波阻也小，适于高速飞行。

（2）适于利用地面效应，容易实现垂直起降。

（3）不需要做盘旋机动，能迅速指向攻击目标，而这一特性无疑将改变现在空战战术的基本概念。

半个世纪以来，许许多多不明飞行物的目击事件，除造假与误判外，剩下的不明飞行物的确是真实的飞行器，只不过它们是人造飞碟，在试飞阶段被基地附近的居民所目击，而被解读为不明飞行物。事实显示，一连串不同年代的不明飞行物的目击事件，正是人造飞碟的发展史。

●常被误认为飞碟的飞行器

被误认为是不明飞行物最有名的例子，早期当属 U-2 侦察机[1]，此机能不分昼夜于 70000 英尺（约 21336 米）的高空执行全天候侦察任务。直到 1960 年遭苏联击落而曝光，U-2 侦察机已不为人知地飞行了 8 年以上。根据 CIA 的资料，当时有 50% 左右的不明飞行物目击报告，其实正是 U-2 侦察机。虽然首飞至今已经 50 多年，但 U-2 仍然活跃于前线，服役期较它的继承者更长。U-2 生产线曾于 20 世纪 80 年代重开。此外，由洛克希德公司研制的"黑鸟"侦察机（参见图 5.1），其飞行比 U-2 更隐秘。2011 年以后，U-2 侦察机的角色已由诺斯洛普·格鲁门公司制造的全球鹰（Global Hawk）无人飞行载具（UAV）所取代。

---

[1] 洛克希德 U-2，外号蛟龙夫人（Dragon Lady），是美国空军一种单座单发动机的高空侦察机。能不分昼夜于 70000 英尺（约 21336 米）高空执行全天候侦察任务。在和平时期、危机、小规模冲突和战争中为决策者提供重要情报。一份于 2005 年 12 月 23 日由美国国防部核准的机密预算文件中，要求 U-2 计划最迟于 2011 年结束，并于 2007 年初将部分 U-2 除役。

假飞碟，才是真科学
Fake UFO,Real Science

图 5.1 SR-71 "黑鸟" 高空高速侦察机，由洛克希德公司制造，1966 年部署，其飞行比 U-2 更隐秘，造成更多的 UFO 误判。（图片取自维基百科）

　　美国空军的 F-117 "夜鹰" [1] 隐形战斗机（洛克希德公司制造，1977 年首飞，2008 年除役），至少服役 6 年后，美国公众才知道这种飞机的存在，在此之前，美国空军否认它的存在，偶然被民众目击，就说是不明飞行物。F-117 从正前方看，像是传统飞碟侧面的形状，而从底部看，则跟三角飞碟没有两样（参见图 5.2）。

　　2011 年 12 月 22 日这天，部分美国堪萨斯 Cowley 郡的居民，在马路边竟然见到一架由拖车运送的 "飞碟"。造型上确实类似外星飞碟，

---

[1] F-117 "夜鹰"（F-117 Nighthawk）是美国空军的一种匿踪攻击机，也是世界上第二款完全以隐形技术设计的飞机。F-117 由洛克希德公司设计生产，它的原型技术直接来源于拥蓝（Have Blue）计划。虽然 F-117 在历次空中攻击任务中表现突出，但由于军费削减的原因，美国国防部于 2006 年决定在数年内将所有的 F-117 退出现役，并于 2008 年 8 月进行了最后一次飞行。

图 5.2　F–117 隐形战斗机，从正前方看，像是飞碟侧面的形状，而从底部看，则跟三角飞碟没有两样。（图片取自维基百科）

图 5.3　当 X–47B 无人攻击机起飞并收回起落架后，从侧面看像个圆盘。
图片来源：http://news.cnet.com/i/tim/2011/03/18/X–47Bsecondflightcrop_610x 392.Jpg

不过它是已公开仍持续进行实验的 X–47B 无人攻击机[1]。这架 X–47B 是从加州爱德华空军基地运送到马里兰州帕塔克森特河（Patuxent River）的海军航空站。从图 5.3 中可看到，这架飞行器有许多人造技

---

[1] 美国 X–47B 无人机是美国研发的最新型的无人机。该无人机历时 4 年研制成功，整个合同金额高达 6.36 亿美元。除喷射式动力外，X–47B 的最大特点是，这款舰载无人机能直接从航空母舰上起飞，并且能像有人机一样执行战斗任务。

术的特点：

1. 机体前大后小：人造飞行器机身有飞行方向与推力出口特定设计，而外星 UFO 的碟状设计则是呈现 360°左右对称。

2. 飞行器有机轮设计：表示需要滑行才能起飞，而外星飞碟是垂直起降不需要跑道，仅需延伸出支架。

X–47B 无人机是世界上首架陆基和航空母舰都能使用的无人侦察攻击机。民众之所以误认为是飞碟，是因 X–47B 无人攻击机从其正前方看，真像是一个圆盘（参见图 5.4），如果不看起落架的话，当其起

从航空母舰起飞的一架X–47B无人攻击机

X–47B无人攻击机

图 5.4 上图：从航空母舰起飞的一架 X–47B 无人攻击机（图片取自维基百科）。
下图：如果不看起落架，X–47B 无人攻击机的正前方看起来是十足飞碟的模样。

图片来源：http://static.rcgroups.net/forums/attachments/1/6/8/7/4/5/a3912341–62–X47B%5B1%5D.jpg

飞并收回起落架后，想当然被误认为是飞碟的概率更大。据美国媒体报道，当地时间 2012 年 7 月 13 日晚，一则美国首都华盛顿附近出现不明飞行物（UFO）的消息，在社交网站推特（Twitter）上迅速传播开来，并引起轩然大波。事后证实，这个不明飞行物正是 X-47B 无人攻击机。

6 德国人造飞碟

早期人造飞碟的研发以德国的成果最为显著。1957年7月27日，美国一家报纸发表一篇题为《希特勒曾研制过飞碟》的文章。文章详细披露了在"二战"期间德国研发飞碟的过程，它总共经历了三代改良。

第一代原型机

这种原始型飞碟的设计者有两位工程师：斯理维尔和哈贝尔默利。1941年2月，第一个垂直起降飞行器[1]试飞。它的外形跟传闻中某些外星人驾驶的飞碟十分相似，由一个固定不动的中心驾驶舱以及会旋转的外围圆环所构成，采用德国制造的标准喷射发动机。第一代飞碟的缺点是内外环的重量没有平衡会引起强烈振动，特别是高速飞行时。设计师曾试图加大外轮圈的重量，但设计方案最终还是没能达到完美的程度。

---

[1] 正确来讲，直升机应该才是第一个能够垂直起降的动力飞行器。1938年，德国人汉纳赖奇驾驶一架双旋翼直升机在柏林体育场进行了一次完美的飞行表演。这架直升机被直升机界认为是世界上第一架试飞成功的直升机。

第二代原型机

通过对第一代原型机进行改进，制造出了代号为"垂直飞机"的 2 号原型机。二代飞碟的外形尺寸及马力都有所增大，也采用了类似飞机上保持平稳的陀螺仪环架平台机构，其飞行速度可达到每小时 1200 千米 [1]，并能像现代直升机那样做空中滞留和水平飞行。不过 1 号机型和 2 号机型都停留在实验性的尝试阶段，并未投入量产。

第三代原型机：柏罗湟女战神

在领导人的支持下，德国网罗了第三帝国最杰出的空气动力学专家、工程师和试飞员等顶尖人才，终于制造出一种先进的碟形飞行器——别隆采圆盘。它有两种尺寸，一种直径 38 米，另一种直径 68 米（参见图 6.1）。

"别隆采圆盘"采用了奥地利发明家维克托·舒伯格（Viktor Schauberger）研制的"无烟无焰发动机"，这种发动机的工作原理是"内聚爆炸"（implosion），有别于一般喷射引擎的燃烧爆炸（explosion）。1957 年的报道称其运转时只需要水和空气，在飞行器的周围共装置了 12 台这种发动机。它喷出的气流不仅给飞行器提供了巨大的反作用力，而且可以用来冷却发动机。由于发动机不断大量地吸入空气，因此在飞行器上空造成了真空区，从而为飞行器提供了巨大的升力。

[1] 时速 1200 千米约等于一倍音速，直到 1947 年 10 月 15 日，世界上第一次超音速飞机贝尔 X1——喷射引擎飞机才由 NASA 试飞成功。如果说 1941 年德国的飞碟就已具有超音速的能力，那么，超音速飞行器的历史就要改写。

假飞碟，才是真科学
Fake UFO,Real Science

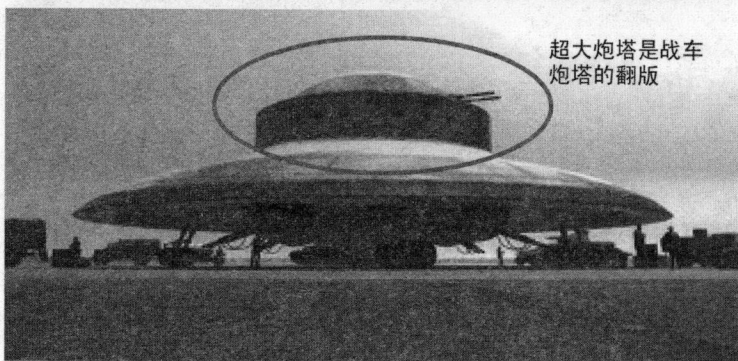

飞碟的引擎出口向下

超大炮塔是战车
炮塔的翻版

图 6.1　德国所研制的人造飞碟"别隆采圆盘"，从外观上可以看到，圆盘上架设了一个不成比例的超大炮塔，似乎是战车炮塔的翻版。圆盘下方可以看到几个喷射引擎的出口。上图飞碟的引擎出口向下，下图的飞碟则加装了水平喷射引擎，这样有助于水平速度的提升。

图片来源：http://www.kaoder.com/?thread-view-fid-17-tid-51472.htm

　　1945 年 2 月 19 日，这架耗资数百万的飞行器终于进行了第一次也是最后一次试飞。报道称，其在短短的 3 分钟之内，升到了 15000 米的高空，平飞速度可达 2200 千米／小时。同时，它还可以滞空，无须转弯就可以往任意方向前飞或后飞。该报道称希特勒原本打算用飞碟轰炸纽约，然而未来得及量产，苏军已节节逼近布拉格，德国的工程师则忙着用炸药与汽油炸毁基地，以及所有的飞碟。

　　根据现有的文献以及残留的设计图，应该可以确认，纳粹德国曾经在"二战"期间进行过人造飞碟的研发，但是因为缺乏飞碟实体以及细节的设计图，对于"别隆采圆盘"的相关报道及飞行数据的可靠性，我们宜持保留的态度。兹就目前网络上可收集到的信息，提出两点意见供读者参考：

1. "别隆采圆盘"外形不利于超音速飞行

　　在图 6.1 中，从外观上可以看到飞碟圆盘上架设了一个不成比例的超大炮塔，这似乎是战车炮塔的翻版。炮塔的高度几乎和圆盘的厚度相当，这使得它水平飞行时迎风面的面积太大，会造成过大的风阻，非常不利于高速飞行。报道中说，"别隆采圆盘"的平飞速度可达 2200 千米／小时，这个速度已逼近 2 倍音速，像这样一个如战车般粗壮的结构体能够以 2 倍音速飞行，颠覆了一般空气动力学专家的想法。目前公认的世界上第一次超音速飞行是在 1947 年 10 月 15 日，美国 NASA 一架火箭飞机试飞成功。这架飞机除采用喷射引擎外，机身的设计又细又长，头部很尖，机翼改成燕子翅膀似的后掠式，有效降低了风阻。和超音速飞机比起来，"别隆采圆盘"的迎风面面积实在太大了。

2.巨大圆盘的角色未能发挥

在第 3 单元中，我们曾经介绍过康达效应，它说明气流有贴着物体表面流动的倾向，进而能产生低压区。飞碟具有巨大的圆盘，是最能够展现康达效应的飞行器。前面关于"别隆采圆盘"的报道，提到它的升力来源有两种：第一，发动机喷出气体所提供的反作用力；第二，发动机的进气口不断地大量吸入空气，因此，在飞行器上空形成真空区，从而为飞行器提供了巨大的升力。但此两种升力的产生都与圆盘的大小无关。我们认为基于康达效应的考虑，更完善的飞碟设计应该是发动机所排出的气体要有一部分导引到圆盘表面，使其顺着表面流动，让整个圆盘上方都是低压区。如此才能充分发挥其巨大圆盘（68 米直径）的作用。

其实这种在机翼上面吹气的技术，称为"吹气襟翼"（又称边界层控制，boundary-layer control），已经广泛应用在战斗机上。F-104 是世界上第一架采用这种技术的战斗机 [1]。通常襟翼放下后，在其上表面会产生紊流，从而导致襟翼效率下降。F-104 则从引擎第 17 级压缩机处引气至襟翼与机翼的交接处，高压气流从襟翼铰链处的狭缝沿襟翼上表面喷出，补充了边界层能量，减小了由于边界层分离而导致的紊流，从而提高了襟翼的升力。

---

[1] F-104 星式战斗机（F-104 Starfighter）是美国洛克希德公司所设计的第二代战机。它的设计强调重量轻与简单，被认为是韩战经验的总结作品（越战经验总结则被认为是 F-16）。F-104 是世界上第一架拥有两倍音速速度的战机，并在 20 世纪 60 年代长期保持升速、航高 10 万英尺的纪录。因为 F-104 强调高速飞行的性能，外形非常特别，拥有"有人飞弹"的昵称，美国总计生产了 2580 架各型 F-104 战机。目前最后一个使用国家意大利已经将所有的 F-104 退出现役，结束星式战斗机超过 50 年的生涯。

有别于一般超音速飞机所使用的喷射引擎，"别隆采圆盘"采用舒伯格（V. Schauberger[1]，或翻译成绍贝格尔）所谓的"无烟无焰发动机"，根据报道该发动机的运转只需要水和空气，便可以产生爆炸的能量。如果能够证实这种发动机的原理并加以复制，人类将不再有能源危机了。与爱迪生齐名的电力电子科学家特斯拉[2]（Tesla），于 1893 年在宾夕法尼亚州费城的弗兰克林学院发表演讲，阐述他的无线电传输原理时曾说道："许多年以后，人类的机器可以在宇宙中任何一点获取能量从而驱动机器。"

如果以目前的科技背景来思考，我们揣测这种以水当燃料能够产生爆炸的"无烟无焰发动机"应该对应目前的一种新能源科技，它被称为氢氧焰能设备，它确实把水当燃料，能在二三十秒内将水分解成氢气和氧气，再利用氢气易燃、氧气助燃的特性，产生高温烈焰，转换为热能。启动燃烧后，瞬间温度可达到 800 到 3000 摄氏度。

但天底下没有白吃的午餐，这种以电解水制氢的方法，每产出 1 立方米的氢气，需要消耗 4 至 5 度电力。也就是为了使水产生 1 单位的再生能源，我们需要输入多个单位的不可再生能源。虽然也是以水为燃料，但以此方法驱动飞碟，其能源效率很低。目前有一种利用发

[1] Viktor Schauberger（1885—1958）奥地利人，自然学派的哲学家、发明家。毕生致力于从大自然中萃取能量与动力。他称他的发明为"implosion technology"，是利用大气涡流的力量来产生动力，并以此来设计飞机与船舶的发动机。有别于以燃烧爆炸（explosion）为动力的涡轮，他设计的涡轮是静音的，是无烟无焰的。

[2] 尼古拉·特斯拉（1856—1943）塞尔维亚裔美籍发明家、物理学家、机械工程师、电机工程师和未来学家。他被认为是电力商业化的重要推动者，并因主要设计了现代交流电力系统而广为人知。特斯拉在电磁场领域有着多项革命性的发明。他的多项相关的专利以及电磁学的理论研究工作是现代无线通信的基石。

酵法制氢的技术，既能兼顾环保又不耗能，它是利用产氢细菌在有机废水中发酵产生氢气，同时伴随有机物的下降，使废水得到净化。虽然发酵法可以不必输入能量即可将水变成再生能源，但要以此法瞬间驱动庞大的"别隆采圆盘"应该是缓不济急。

仔细审视舒伯格的"无烟无焰发动机"，我们发现它有别于目前以燃烧爆炸（explosion）为推力的喷射发动机，舒伯格称他所发明的发动机是一种"implosion technology"，其中 implosion 这个字眼相对于 explosion，我们将之翻译成"内聚爆炸"，特别强调是在系统内部逐步聚积能量以后所产生的爆炸。

更精确地讲，有别于目前以化学燃料驱动的喷射发动机，舒伯格所发明的是以电力马达驱动的喷射发动机。如图 6.2 所示，马达带动波面转盘旋转，同时将冷空气从外界吸入，空气分子受到转盘表面黏滞力与离心力的驱动，一方面随着转盘旋转，一方面沿着波面凹槽一格一格由内往外移动。由于转盘的持续旋转，空气分子停留在转盘内的时间越长，其所获得的旋转切线速度越大（通过黏滞力的带动）。波面凹槽的设计就是要增加空气分子停留在转盘内的时间，分子每跳过一

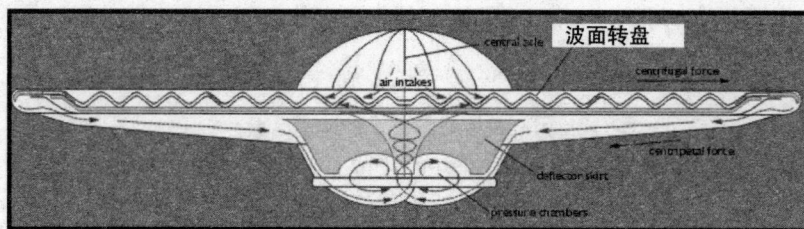

图 6.2 Schauberger 所发明的以马达驱动的喷射引擎（垂直剖面图）。
图片来源：http://ondscience institute.on-rev.com

个凹槽，其速度即提升一级。空气分子一方面旋转，一方面向外围的凹槽跳动，因此是循着螺旋轨迹，由内往外旋转，然后进入左右两侧的加速狭缝到达压力腔。在加压的过程中，空气被挤入上方的水平层状通道，经过多层次的通道加压步骤后，最后气流汇集到中央轴线处，以螺旋高速喷出。

图 6.3 的左图是舒伯格的孙子根据其祖父遗留的资料所制作的发动机模型，它是由电池电力所驱动，展示了圆盘机体内气流是如何从顶部中央转移到圆盘边缘的气流过程。图 6.3 的右图则是舒伯格发动机的

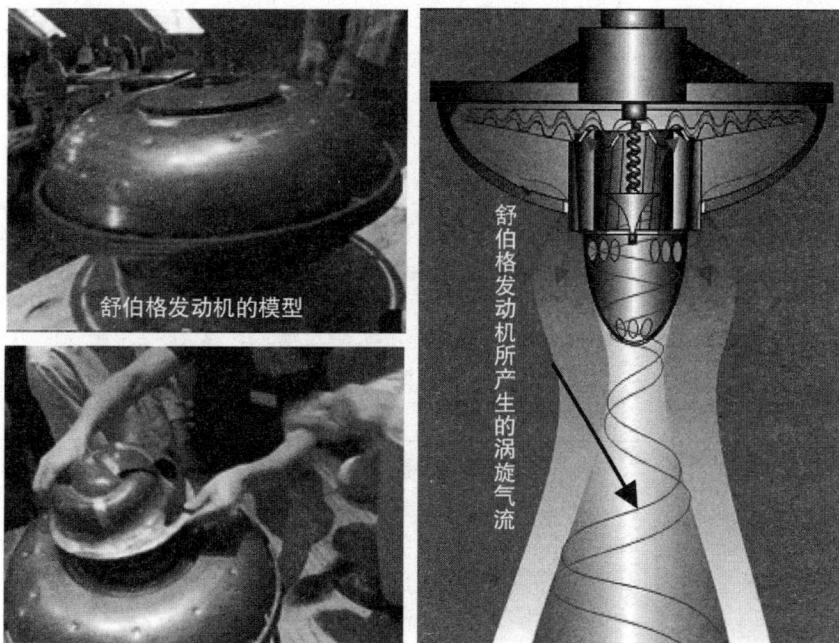

舒伯格发动机的模型

舒伯格发动机所产生的涡旋气流

图 6.3 舒伯格的孙子根据其祖父遗留的资料所制作的发动机模型（Schauberger Platform），它是由电池电力所驱动，展示了圆盘机体内气流是如何从顶部中央转移到圆盘边缘的气流过程。右图则是舒伯格发动机的透视图，显示出其所喷射的涡旋气流。

图片来源：http://xhcy004.blog.china.com/201203/9497125.html

透视图，显示出其所喷射的涡旋气流。

舒伯格发动机的核心元件是"波面转盘"，它是由多个同心圆凹槽所组成的，细部结构如图 6.4 所示。由于此转盘的带动，空气分子才得

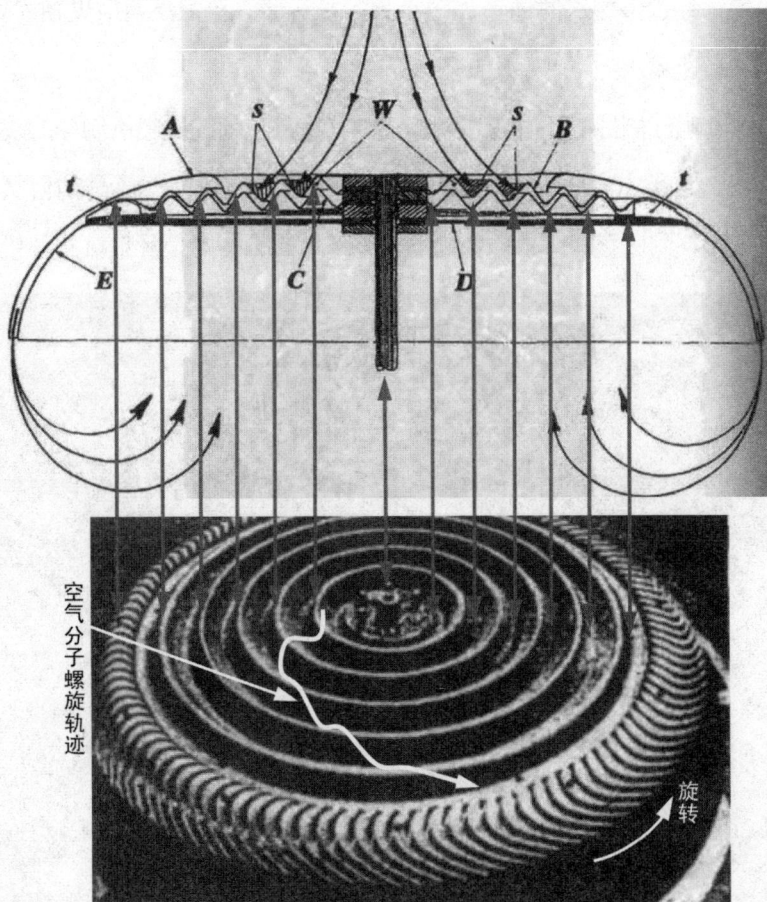

图 6.4 舒伯格发动机内的波面转盘结构，上图为侧视图，下图为俯视图。空气分子受到转盘表面黏滞力与离心力的驱动，一方面随着转盘旋转，一方面沿着波面同心圆凹槽攀爬，由内圈往外圈移动，故分子的轨迹呈现螺旋状。

图片来源：http://thewebfairy.com/911/missilegate/rfz/schauberger.htm

以沿着螺旋轨迹运动。空气从发动机的上方旋入波面转盘后，经过加速及加压的过程，再从发动机的下方螺旋喷出，也就是说发动机位于一股螺旋气流的中间。自然界中所发生的螺旋气流，就是俗称的龙卷风，它强大的吸力可将汽车、房屋搬运到半空中。从另一个角度来看，就是汽车和房屋通过龙卷风的作用获得强大的升力，而飘浮在半空中。说穿了，舒伯格发动机就是龙卷风制造机，这股人造的龙卷风将飞碟从地面吸起至半空中（参见图 6.5）。而从飞碟的角度来看，则是因为喷射气流的反作用力，才使得飞碟腾空。

别隆采圆盘飞碟采用舒伯格发动机为其驱动引擎，但是发动机运转初期所产生的升力却不如预期。其主要原因是波面转盘无法充分带动空气旋转，使得空气分子动能不足，造成空气进入压力腔之后，无法聚积足够的能量以产生喷射推进的效果。空气无法充分旋转，其原因则是空气与转盘表面间的黏滞力（摩擦力）不足。可想而知，转盘表面如果完全光滑的话，转盘的旋转将是空转，此时空气将原地不动，不随转盘起舞。

解决之道，其一，增加转盘表面的粗糙度，但由于空气分子很小，再小的空隙都可钻入，粗糙度的增加对空气分子运动的影响有其极限；其二，加入黏滞力比较强的液体，与空气混合后，再由波面转盘一起带动旋转。后面这个方法产生了很大的改良作用，而水则是液体中的最佳选择，黏滞力强又容易取得。因此，改良式的舒伯格发动机，除了原有的空气循环外，又加入了水的循环。它的运作机制包含以下步骤：

·水与空气混合后，再进入波面转盘，通过水的高黏滞力带动空气一起旋转。

图 6.5 舒伯格发动机所产生的涡旋气流，其作用就像是一股龙卷风，此龙卷风由上到下贯穿发动机所在的圆盘，从而将圆盘吸起，正犹如自然界的龙卷风将地面上的物体吸引至半空中一样。左下图是涡旋气流中气体分子的运动轨迹。

图片来源：http://evg-ars.narod.ru

·在水滴的推动之下，空气高速进入压力腔，强大动能转化成压力内能而聚积。

·在聚积加压的过程中，空气旋入上方的水平层状通道，经过多层次的加压步骤后，最后汇集到中央轴线高速喷出。

·在同一时间，水滴进入压力腔后，由于重力的作用，汇集在压力腔的底部，经过抽取回到发动机的顶部，再进入新一次的空气循环。

正是基于以上空气循环与水循环的混合机制，大众报道才称舒伯格发动机的运作只需要水和空气，就可以产生类似爆炸的能量。报道中没有提到的是，转盘的旋转与水的抽取再循环，都需要电力或其他能源的支撑。有人认为舒伯格发动机可以无中生有，取得隐藏的神秘能量，这个看法显然是偏颇的。

正确的说法应该是，舒伯格发动机充分运用自然界中空气与水的流动本性，使得电力转换到喷射动力之间的能量损失降到最小。

身为一位自然学派的发明家，舒伯格的终身信条就是"以自然为师"，他一生致力于学习并模仿自然界中水与空气的运作原理。他称自己所发明的机器只是充分模仿了自然界中的能量流动方式。

7 美国人造飞碟

　　在美国，人造飞碟的研发与外星飞碟的故事一样精彩，只是一个是暗的，一个是明的。"二战"后，一如德国的其他科技，飞碟也成了美苏争夺的目标。众所皆知，美国得到了火箭专家冯·布朗，然而，德国的飞碟工程师安卓雷斯·艾普（Andrans Epp）则投靠苏联。这使得苏联在飞碟的发展上超越西方。不过，艾普在苏联过得并不如意，于是在1957年向西方投诚，至此，美国终于可以急起直追。在20世纪50年代末至60年代初，美国空军的几家主要承包商皆投入了飞碟的研发。

　　不管1947年的"罗兹威尔飞碟事件"是真是假，可以确定的是，美军此后即开始投入幽浮飞行器的研究。终于在1961年，美国陆、空军公开其所研发的第一架飞碟"Avrocar"，此飞碟是由约翰·佛斯特（John Frost）所发明的，而背后的制造商则是加拿大的一家航天公司（爱维罗，A.V. Roe Ltd.）。试飞的结果显示，Avrocar的越野能力不错，但空中性能不佳，一旦离地高度超过2.5米就会变得不稳定，因而，此飞碟计划被放弃。

图 7.1 显示 Avrocar 的俯视图及侧视图。可以看到空气由上方吸入，先在上方形成低压区，再经过涡轮叶片的加压推动，一部分从机身侧环面排出，而在机身内部形成低压区；另一部分则从机身底部排出，形成向上的反作用力，以上三者都有助于增加飞碟的升力。机身后方装有升降舵，它能控制从侧环面所喷出的气流，而产生飞碟前后俯仰的动作。但飞碟左右倾斜的动作则缺乏有效的控制机制，这使得飞碟受到左右两侧的扰动时，将会变得不稳定。

图 7.1 美国陆、空军与加拿大合作开发的第一架飞碟"Avrocar"。（1）空气由上方吸入，先在上方形成低压区，再经过涡轮叶片的加压；（2）一部分从机身侧面排出，而在机身内部形成低压区；（3）另一部分则从机身底部排出，形成向上的反作用力。三者都有助于增加飞碟的升力。

图片来源：http://www.aerospaceweb.org/question/planes/q0204b.shtml

另一方面，飞碟在贴近地面飞行时，性能良好；离开地面 2.5 米就开始不稳定，无法再继续升高，这一现象凸显飞碟升力不足的问题。贴地飞行时，因有气垫效应的协助，可获得相当于二倍的升力（气流碰到地面后，反弹回到机身底部，产生二倍动量差）；但当飞碟离开地面的高度超过一个飞碟的直径长度时，气垫效应即消失，这时升力顿时减小一半，飞碟被迫降低高度，回到原先贴地飞行的状况。

估计 Avrocar 的涡轮叶片的半径要增加 50% ~ 100%（驱动力也要以等比例增加），才能产生足够的升力进行高空飞行。可惜 Avrocar 没有后续的改良计划，使得它的第一次试飞同时也成为最后一次。虽然 Avrocar 飞碟没能发展成功，但它优异的贴地飞行能力，促成了气垫船的发展，可以说气垫船是飞碟开发过程中的一个意外发现。

美国在固定翼与旋翼飞行器方面的研发进展远远超过圆盘翼飞行器，但也未全然忽略圆盘飞行器的优点。美国航空航天局艾姆斯研究中心（NASA-Ames Research Center），曾在 1991 年 [1] 的技术报告中，发表一款结合圆盘与旋翼的飞行器 M-85。M-85 是一款兼具旋翼机垂直起降功能与固定翼飞机高速巡航性能的全新概念飞行器，其外形设计如图 7.2 所示。机身类似一般传统直升机，在机身上方装置双层圆盘，每片圆盘周围各延伸出两支旋叶片，两层圆盘连同旋叶片由主引擎驱动朝相反方向转动，目的在于使两层圆盘因旋转而作用在机身上的转动力矩能互相抵消，机身尾部另装一尾螺旋桨，由另一具引擎（副引擎）驱动，主要是提供飞行器于固定翼模式飞行时的前向推力。

在这份报告中，NASA 对圆盘形翼剖面以及圆盘加旋叶片的各种

---

[1] Robert H. Stroub, Introduction of the M-85 High-Speed Rotorcraft Concept, NASA Technical Memorandum 102871, 1991.

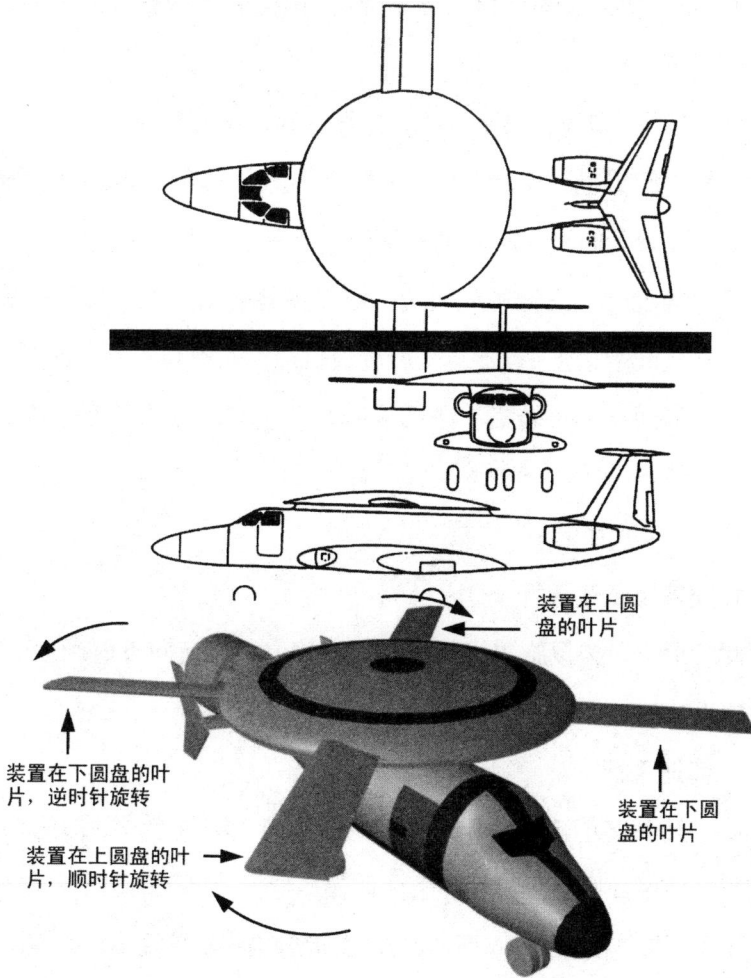

图 7.2 M–85 飞行器外形立体视图。M–85 是一款兼具旋翼机垂直起降功能与固定翼飞机高速巡航性能的全新概念飞行器。中心圆盘由上下两层圆盘所组成，上层与下层的旋转方向相反，以抵消旋转力矩。

图片来源：《两用型飞行器之改良与飞控系统之制作》，刘文雄，成功大学航太所硕士论文，1999 年。

分布情形做了风洞测试，结果显示圆盘加旋叶片的巡航性能不输于高性能的固定翼飞机。

M-85两用型飞行器于起飞时圆盘旋转，靠圆盘外围的叶片产生升力，采用旋翼机的模式起飞，在飞至巡航速度与高度后，圆盘停止转动，靠圆盘的翼剖面前进产生升力，采用固定翼飞机模式飞行，待飞至目的地时，飞行速度减缓，圆盘恢复转动，采用旋翼机模式降落。M-85两用型飞行器与一般旋翼机最大的不同在于其旋翼面的构造：旋翼面＝中央转盘＋周围旋叶片。中央转盘约占整个旋翼面直径的50%～60%。

其操作模式如下：

1. 起降及低速飞行

此情形下，类似旋翼机的运作，叶片牵引气流向下而产生升力，此时中央转盘没有功用，甚至造成升力的减少。

2. 高速飞行

此时转盘停止转动，叶片收缩到转盘内，转盘形成圆形的机翼，高速气体流经此圆盘形机翼（上曲面是一球弧面，下曲面是一平面），产生上下层气流的压力差，而形成升力，此升力在旋翼面不转的情况下，仍能承担机体的重量。

简而言之，当滞空或低速飞行时，旋翼面旋转，由叶片提供升力；当高速飞行时，旋翼面不转，由中央转盘提供升力。

根据NASA技术报告的研究结果显示，圆盘加旋叶片的两用型设计概念，实现的可行性是颇高的，不过，M-85尚有圆盘旋转产生的力矩无法克服的瓶颈，故仍仅止于纸上设计。

自从 1961 年的 Avrocar 飞碟飞行器的研制失败后，美国军方便将航空器研发的重心转移到高性能战斗机、隐形战机与无人战机之上，并取得傲人的成绩。从 20 世纪 60 年代到 20 世纪 80 年代，美国仍有许多的不明飞行物目击事件的相关报道，但是最后大部分都确认与未公开的新型战机的试飞有关。但这个情况到 1990 年有了改变。

从 1990 年开始，在美国一些城市附近及高速路沿线，目击巨大、无声的三角形不明飞行物的人数呈增长趋势，这一现象引起美国许多科研机构及科学迷的兴趣。由于它的影像非常清晰具体，又有为数众多的目击者，很多人在揣测，这是真的外星飞碟，还是美国已经研发出的新型飞碟飞行器？据目击者称，这种黑色三角形飞行物的外形让人过目不忘，因为它太奇特了，与平时所见的飞行器完全不一样。从 1990 年一直到进入 21 世纪，都是三角形飞行器活动的活跃期。

美国发现科学研究所的报告中提到，一位美国妇女在 1998 年 10 月就曾在自家屋顶看见一个巨大的物体。当那个不明飞行物进入视野的时候，她竟然看不见眼前明亮的夜空，视线完全被那庞大的飞行物遮住了。这位目击者报告说："忽然之间，这个庞然大物发着蓝光出现了，就像完全暴露的星舰，但却非常安静，我几乎无法相信眼前的一切。它非常庞大，大概有 500 英尺左右，这让我完全看不到天空。"据称，她当时粗略计算了一下，那个三角飞行物大概有 200 英尺宽，250 英尺长。发现科学研究所整理了大量三角形飞行器的目击报告，并总结出以下共同特点：

（1）目击者都是在城市附近和州际高速公路的上空发现三角形飞行器。

（2）目击者清楚看到三角形飞行器低空飞行。

（3）目击者清楚看到三角形飞行器滞空飞行或盘旋。

（4）三角飞行物会发出容易引起注意的亮光，有时是闪烁的白光，有时是类似迪斯科舞厅的红绿蓝三色光（参见图7.3）。

三具氢-氧
火箭引擎

神秘的黑色三角飞行器

图 7.3 神秘的黑色三角形飞行器会发出容易引起注意的亮光，有时是闪烁的白光，有时是类似迪斯科舞厅的红绿蓝三色光。

图片来源：http：//ovnis51.skyrock.com/2957745863-TR3B-ASTRA.html

早期的 UFO 目击事件，都是极少数人看到，所拍到的 UFO 影像通常都是模糊不清，似有若无，难于鉴定真伪。比较起来，这种神秘又巨大的黑色三角形飞行器却是近距离地靠近目击者，似乎是有意要人们明确认知到它的存在。这一神秘又具体的黑三角形飞行器会不会真的是 UFO 呢？

　　然而，飞碟迷这次可能又要失望了。美国军方高层不愿透露姓名的人士向媒体披露说，很多人目击的"黑三角"，其实就是美国秘密研制的一种飞行器，它的代号是"TR-3B"。美国军方还指出，TR-3B不是虚构的东西，而是在20世纪80年代研发的机密飞行器。真相是这种三角形航空平台是美国大型"极光"机密计划中的一部分。其他如：研发SR-75"穿透者"极超音速战略侦察机以取代SR-71间谍飞机，也是这个机密计划的产物之一。

　　目前已知TR-3B是一种战术侦察机，它首次飞行是在20世纪90年代初，并在1994年开始服役。这种飞行器的外部涂层能够对电子刺激作出反应，并能改变颜色，反射和吸收雷达波，使得这种飞行器在雷达上看起来像一架小型飞机或者什么也看不到。有时候雷达甚至会误判成"不同地点出现了数架飞机"。TR-3B飞行器的几个主要特色归纳如下（参见图7.4）：

　　（1）操作组员至少四名，座舱可随攻角（angle of attack）及前进方向的改变而自由旋转。

　　（2）飞行器是由三具氢－氧火箭引擎所驱动,均附有3D向量喷嘴，位于三角形机身的底面，三角形顶面上则有三个相对应的进气口。三角形的三个边上则附有侧面进气口及出气口，以利于飞行器的侧向水平飞行。

　　（3）在三角形机身的中心，围绕着驾驶舱的是一个水银电浆加速环（mercury plasma accelerator ring），它是一种被称为"磁场中断器"（Magnetic Field Disruptor，MFD）的等离子加速环，每分钟六万转，在

25万大气压（1个大气压=0.101325MPa）的环境下操作。该技术由"桑迪亚与利沃摩尔"实验室开发，是世界上最先进的技术。"磁场中断器"可产生一个磁旋涡场，对机身产生向上的磁浮作用力，据称可以抵消机身89%的重量。这就是"黑三角"飞行起来比之前制造的任何类型的飞行器都显得轻巧的秘密所在。

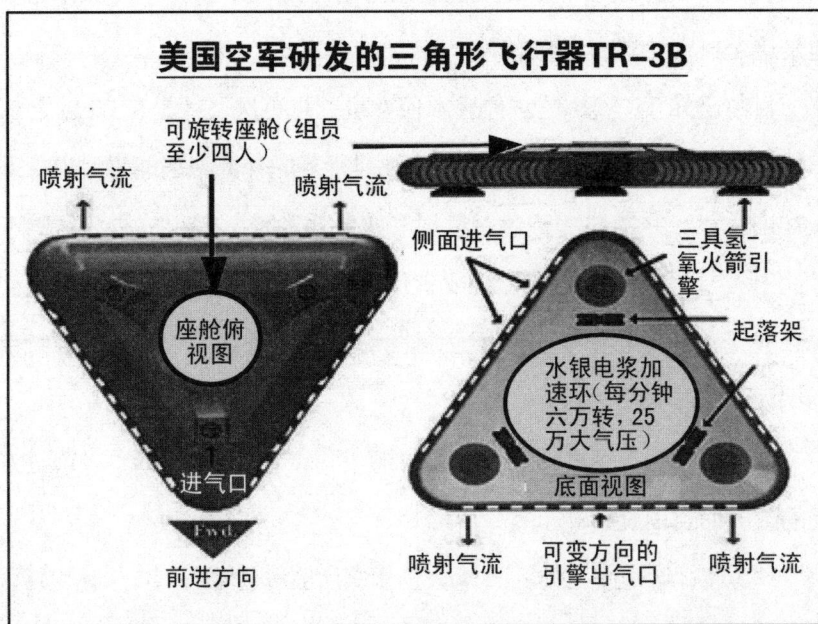

图7.4 美国空军研发的三角形飞行器 TR-3B 的上、下视图及侧视图。
图片来源：http://www.disclose.tv/action/viewphoto/3094/nuclear_powered_flying_triangle

最近一次听闻 TR-3B 出现的报道是在 2013 年 1 月份。1 月 10 日、13 日，在美国陆续传出有人看到一群不明飞行物在天空中盘旋、聚集。10 日，在美国底特律、密歇根州，一群朋友在山上观星或是赏月时突

然看到这些不明飞行物，而报道这则新闻的 FOX2 电视台也表示：许多人都目击到了这一群在天空排三角形的不明飞行物，并争相在 FOX2 的脸书上留言。根据所拍到的影像，三个亮点会一起移动，但它们的相对距离却不会变，这代表民众所看到的，不是一群排成三角形飞行的物体，而是一个巨大三角形飞行器的三个顶点所发出的亮光。可见，TR-3B 黑三角侦察机服役已快 20 年了，大部分民众还把它当成一种神秘的不明飞行物。

8 俄罗斯的
埃基皮飞碟计划

　　自从"二战"俄罗斯接收来自德国的飞碟技术后，通过多年持续不断的精进改良，在碟形飞行器领域已取得长足进展，有望制造出真正的飞碟。早在 20 世纪 80 年代，俄罗斯著名飞碟设计师休金就成功推出取名埃基皮的碟形飞行器方案。20 多年来，俄先后又推出了埃基皮方案的各种民用和军用改良型，其中包括民用无人驾驶飞碟，灭火飞碟，能搭载 2000 名旅客的客运飞碟，可用于反潜、巡逻及兵力与武器投放的军用飞碟，并完成了各种缩比模型及个别全尺寸样机的生产与试验。

　　1993 年，俄联邦政府决定为埃基皮计划提供预算资金，支持将一种起飞重量为 9 吨的埃基皮飞碟投入量产。但由于经费不足，量产未能实现。埃基皮系列飞碟的成功研发引起美国的极大兴趣，21 世纪初期，美国与面临资金困境的埃基皮主承包商——萨拉托夫飞机制造厂达成协议，合作推进埃基皮飞碟的研发。

　　目前已完成的遥控缩小飞碟模型，已经在进行飞行试验。它不需要机场，因为它使用气垫，可以在水面或平坦的陆地起降。设计者构想这种航空器适用于运送大量物资和乘客，具有很好的经济性和安全性。正在制造的是起飞重量为9吨的试验机，有效载重2.5吨，载客18～20人。另外，起飞重量40吨、120吨和600吨的方案也在研究中。

升力体工作原理

图8.1 由俄罗斯埃基皮航空股份公司设计的一种飞碟状航空器，这种航空器的机身是一个像铁饼似的圆盘，两侧有很短的机翼，后部有向外倾斜的双垂尾。

图片来源：http：//159.226.2.2：82/gate/big5/www.kepu.net.cn/gb/beyond/aviation/plane/pla 906. html

埃基皮飞碟集三种技术于一身：边界层控制、向量控制和气垫技术，并具有低阻力、高升力、动力操控、垂直或短距起落的功能。其主要特色可归纳成以下几点来说明：

1. 翼化的飞升体

该飞行器与飞机的最大区别是取消了传统的机身，代之以翼化的飞升体。传统的机身以载人纳物为主，同时确保其与机翼、尾翼的连接与可靠，以及为系统设备的安装与管线的通过提供方便。普通飞机主要是作为承载体考虑，在空气动力学上以减小阻力为目标。而飞升体则不同，既要达到载人纳物的要求，又要达到在空气动力学上产生足够大的升力、较小的阻力，并满足操纵与控制的要求，技术水准较高。同时，翼化的机身具有极大的卸载作用，这一点对于用所产生的气动升力来抵消失重，确保优良的飞行性能显得十分必要。

2. 小展弦比机翼

小展弦比机翼常用在现代高速飞机上，有利于减小飞行阻力，并提高飞行速度。在埃基皮飞碟上采用小展弦比机翼可以减小诱导阻力，同时，还可在翼面上设置副翼进行操纵。采用下单翼布局，还有助于缩短起落架结构尺寸，减轻结构重量。当需要迫降水面时，还有助于确保机上人员安全撤离。

3. 埋入式动力舱设计

该飞行器的发动机是安置在飞升体两侧内的动力舱中，而不是像翼吊发动机那样暴露在外面，这样可使飞升体的外形具有更好的流线形，以减小气动阻力。同时，动力装置工作时产生的抽吸效应，扩大了飞升体的压差，有助于提高升力。由于飞升体内空间较大，所以采用这种埋入式设计便于动力装置的维护。除此之外，采用隔音设备的动力舱，其噪声可被控制在 75 分贝以内，符合环境控制的要求。

4. V 形尾翼设计

该飞行器的尾翼为 V 形，它是由左右两个翼面组成，并分别固定在飞机尾部两侧。中央呈扁平形状。在扁平段上安装了缝隙状的向量喷嘴，从中排出的气流专门用于姿态控制，包括机动飞行、水平推进和起飞、降落、滞空等。V形尾翼兼有垂直尾翼和水平尾翼的作用。其翼面可分为固定的安定面和铰接的舵面两部分。这种尾翼可兼具纵向和航向稳定的作用。当两边舵面做相同方向的偏转时，可产生升降舵作用；当两边舵面做不同方向的偏转时，则可产生方向舵作用。

据俄塔社报道，俄罗斯专家正在研制一种巨无霸飞碟，取名为"锅驼扫描机"，其外形很容易让人联想到外星人乘坐的飞碟（参见图8.2）。该飞行器直径达250米，高约100米，能运载1500吨货物。它集飞机、直升机和气艇的性能于一身，能直飞、会转弯，可在空中停悬，也能垂直降落在地面或森林中。据报道，碟形设计赋予它出色的气动性能，即便遭遇狂风也能保持很好的飞行稳定性。

目前，俄研发人员已完成该飞行器缩小模型的制造，并进行了试验机的开发。俄专家开发该飞行器的初衷，是要利用它将超大型货物运送到地面交通工具无法抵达、而使用现有直升机和固定翼飞机在经济上又很不划算的地方。

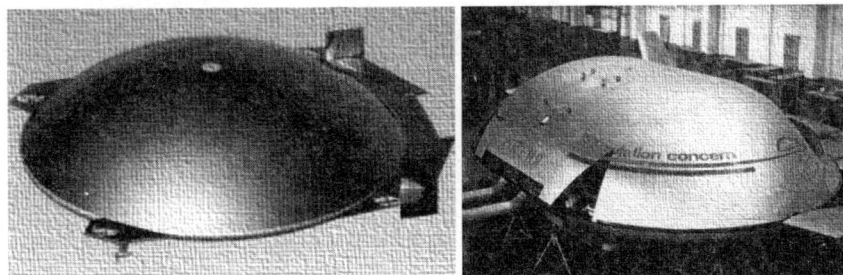

图8.2 俄专家新推出的飞碟"锅驼扫描机"，兼具飞机、直升机和飞艇性能于一身，能一次运载1500吨货物。左图为缩小尺寸的模型，右图为试飞的原型机。
图片来源：世界新闻报。

假飞碟，才是真科学

据报道，由于试飞性能出众、载重惊人，该飞行器一经推出，便被俄国内外潜在客户纷纷看好。除了俄国防部表现出极大的兴趣，俄紧急情况部准备用它进行森林灭火，一些石油天然气工业巨头也想用它来运送钻探设备，而法国一家卫星发射公司则认为可用它运载火箭。

9 商业化的 飞碟交通工具

    1961 年，美国与加拿大合作研发的 Avrocar 飞碟飞行器（参见图 7.1）试飞失败后，Avrocar 飞碟的设计理念其实并未完全消失。美国一家名为 Moller 的航太公司接收了这个飞碟构想，并持续不断地加以改良。其首款改良机型称为 XM-2，早在 1962—1964 年间便已生产完毕，系针对 Avrocar 动力不足的问题加以改进，将发动机数目从一台增加为两台，分别置于圆盘的两侧（原先只有一台，安装在圆盘的中心）。不过当时的 XM-2 还是仅上升了一点点高度，未达到预期的设计目标。

    令人意外的是，Moller 公司并未因改良失败而退缩，反而坚持改良。这一做就是 40 余年。可想而知，这中间遇到许多资金不足以及飞碟性能无法提升的问题，但如同所有飞碟迷一样，一切只为了实现一个飞碟梦。

    2007 年 7 月 6 日，美国 Moller 公司发布了他们最新改良款的飞碟机，并命名为 "M200G Volantor"，其中，发动机的数目已经从 2 个增加到 8 个，如图 9.1 所示。此机型的功能定位在贴地飞行的新型交通工具，一次可容纳两人。借助气垫效应（cushion effect），它可以在距离地面 3

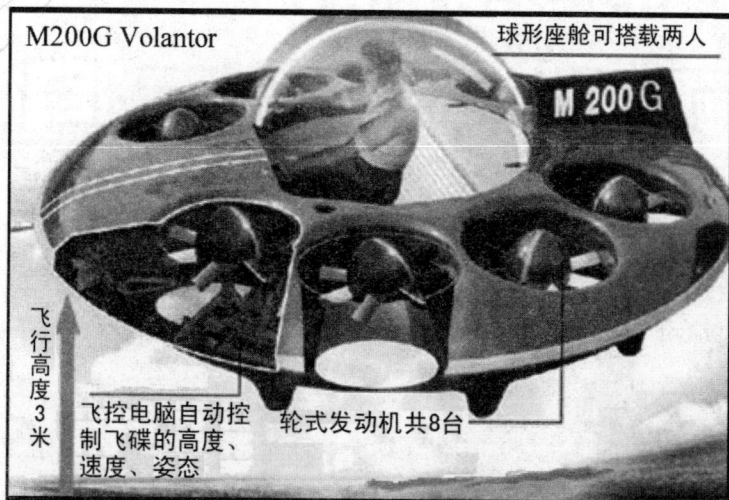

图 9.1 2007 年，美国 Moller 公司发布最新改良款的飞碟机："M200G Volantor"，直径 3 米，高约 1 米，最大飞行速度约 160 千米 / 小时，与普通汽车相当，续航距离约 160 千米，售价 9 万美元。

图片来源：http://www.aviationinsurors.com/spaceship.html

米的高度上平稳飞行。M200G Volantor 的售价定在 9 万美元，约为一部高级轿车的价格。目前，Moller 公司已完成了所有的相关试验，正在生产所需的零件。据悉，现在已经有 6 台飞碟机体生产完毕。Moller 公司宣称，可以在一天内完成一台飞碟的组装工作。

M200G Volantor 的直径为 3 米，高约 1 米，最大飞行速度约 160 千米 / 小时，与普通汽车相当，续航力同样为 160 千米，也就是 1 小时的飞行时间。M200G Volantor 可在各种类型的地表上方飞行，其中除了普通的地面，还包括水面、沙漠、雪地、沼泽和草地。M200G Volantor 上面安装有数台飞行控制计算机（flight control computer）以及飞行感测组件，如陀螺仪、加速仪及 GPS 等，它们会监控飞碟的飞行高度与速度，同时自动保持飞碟横向与纵向的平衡。所以，通过自动控制系统的协助，对于 M200G Volantor 的操控并不需要接受复杂的训练和特别许可。

1947 年发生的"罗兹威尔飞碟坠落事件"至今已有 60 多年，尽管外星人与 UFO 的真相仍然是扑朔迷离，但是有一件事情却是确定的，那就是人类对于飞碟的飞行原理与制造技术越来越清楚。

数十年来，由于飞碟的掩护与启发而发展出一系列的高性能战斗机，而高性能战斗机的制造技术又提升了飞碟性能。也许百年以后，外星人是真是假已经不重要了，因为地球上的人类已经研究出飞碟星际旅行的技术，能够到达其他的星球，而成了他人眼中的外星人。

10 宇宙时空
路遥迢

前面 9 个单元介绍的是关于地表飞行人造飞碟的研发，从这一单元开始我们要介绍星际飞行的人造飞碟。不管是地球人主动出击经由星际旅行去寻找有生命存在的星体，还是外星人来地球探访，要解决的共同问题就在于：如何以有限的时间穿越漫长的星际空间。

距离太阳系 10 光年 [1] 内的恒星总共有 7 个（参见图 10.1），其中最近的是半人马座的 α 星，它是由 3 个星球所组成的三合星系统，其中最靠近太阳的是 α 星 C，又称为比邻星（Proxima Centauri），距离太阳大约 4.22 光年。

假设比邻星有生命现象的话，那么，人类需要穿越 4.22 光年的遥远距离才能到达比邻星。于 1972 年发射的先锋 10 号无人宇宙飞船，于 1973 年通过木星后，现在已飞出太阳系，朝着洛斯 248 恒星的方向飞去。洛斯 248 星距离太阳 10.4 光年（9.84×10^{13} 千米），是第八近的恒星。先锋 10 号在与地球失去联络前的速度是 43500 千米 / 小时，时间等于距离除以速度，所以，先锋 10 号需要花 25.8 万年才会到达洛斯

---

[1] 1 光年指光在一年内所行进的距离，约为 9.46×10^{12} 千米。

248 星。25 万年对人类历史而言是一段非常漫长的岁月，约等于旧石器时代猿人进化到现代人所需要的时间。这个简单的计算告诉我们，以现有的太空科技要进行太空旅行是多么困难。

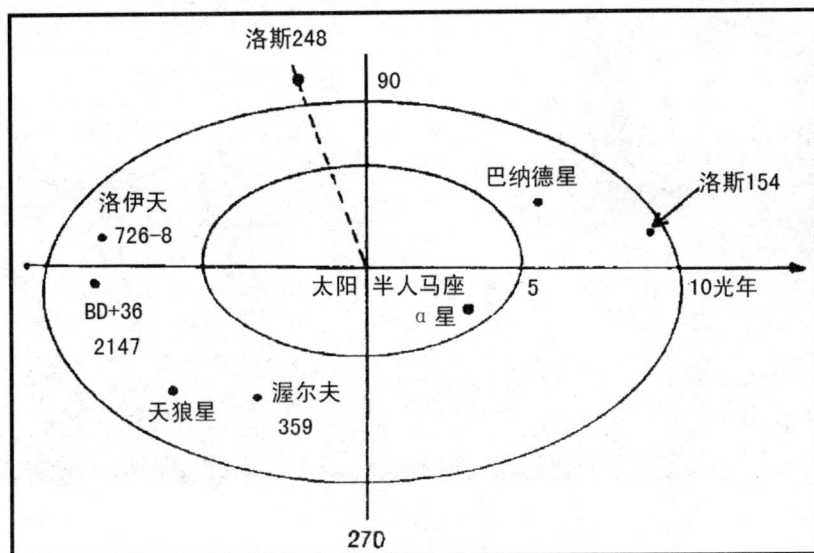

图 10.1　距离太阳系在 10 光年内的几颗恒星，其中最近的是半人马座 α 星，距离我们 4.22 光年；其次是巴纳德星，距离 5.96 光年。

先锋 10 号（Pioneer 10 或 Pioneer F）是美国航空航天局 NASA 在 1972 年 3 月 2 日发射的一艘重 258 千克的无人太空飞行器（参见图 10.2），其用意是为了研究小行星带、木星的周遭环境、太阳风、宇宙射线以及太阳系的最外围边界。它是人类史上第一个安然通过火星与木星之间犹如地雷般危险的小行星带，以及第一个拜访木星的太空飞行器[1]。

---

[1] 节录自中文维基百科，条目：先锋十号。

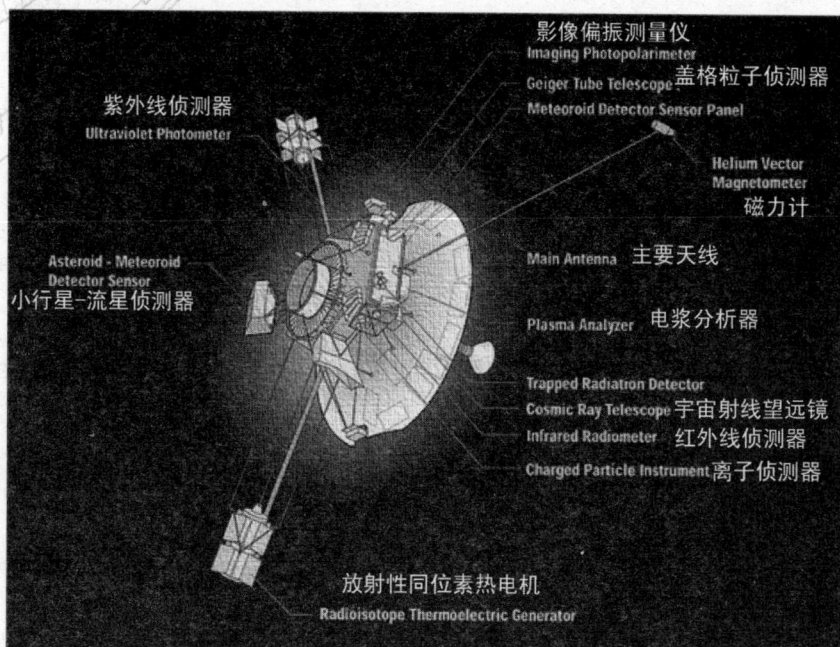

图 10.2 先锋 10 号无人探测船的外观及其组成架构。
图片来源：http://tupian.baike.com/a1_62_04_01300000329092123599040309044_jpg.html

　　1985 年 6 月 13 日，先锋 10 号飞越当时距离太阳最远的海王星，成为第一个离开太阳系的"人造物体"。当时的速度每秒钟将近 14 千米，创下了有史以来人造物体最快的速度。由于它本身电力的限制以及与地球距离过于遥远，导致 2003 年 1 月 23 日之后与控制中心失联。

　　在最后一次与之联系时，先锋 10 号距离地球的距离是 122.3 亿千米。这一纪录，一直保持到 1998 年 2 月 17 日，就在这一天，另一艘无人探测船航海家 1 号（1977 年发射），它与太阳的距离和先锋 10 号相同，都是 69.419 AU[1]。但是由于航海家 1 号的速度优势（每年大约比先锋 10 号多飞行 1.016 AU），所以，它与太阳的距离从那天以后就超过了先锋 10 号（参见图 10.3）。

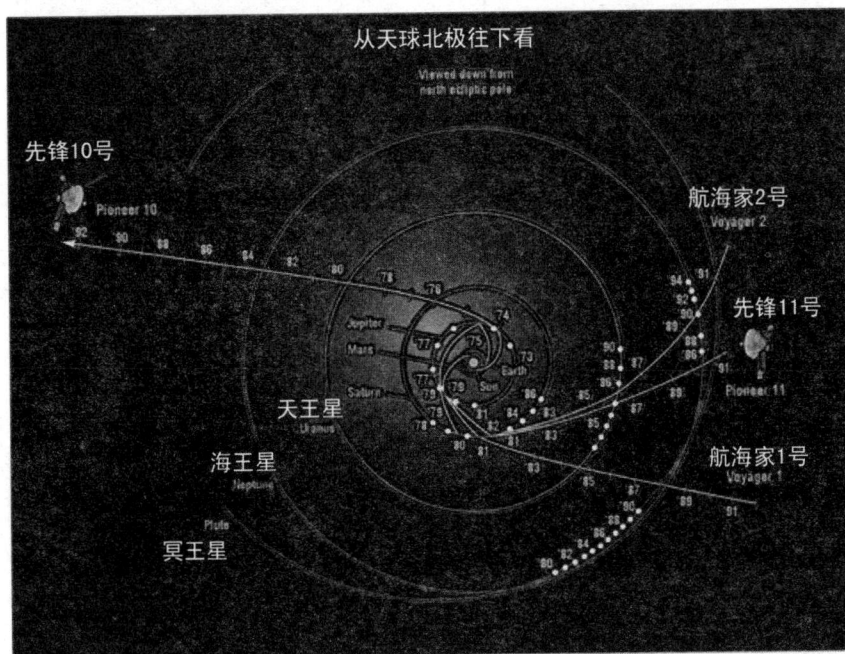

图 10.3 4 艘无人探测船：先锋 10 号、先锋 11 号、航海家 1 号、航海家 2 号在太阳系的位置（从天球北极往下看）。在公元 2000 年时，这 4 艘飞船都已超越冥王星的轨道。图中的数字代表几个天文单位（日地间距离）。

图片来源：http://zh.wikipedia.org/wiki/File：72413main_ACD97-0036-3.jpg

---

[1] AU 就是一个天文单位，相当于 149 597 871 千米，这就是地球与太阳间的平均距离。由于日地间的距离不是固定值，所以，在 2012 年 8 月于中国北京举行的国际天文学大会（IAU）第 28 届全体会议上，天文学家以无记名投票的方式，决定把天文单位固定为 149 597 870 700 米。

虽然现在先锋 10 号已经与地球失联了，但它上面携带了一块人类向外星人问候的镀金铝板（参见图 10.4），其上面还标明了我们在银河系的位置。

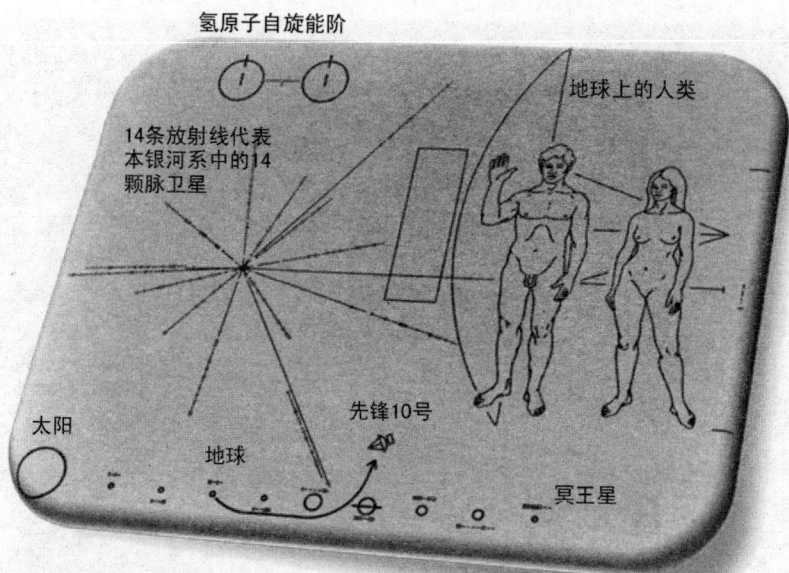

图 10.4 先锋 10 号无人探测船携带了一块人类向外星人问候的镀金铝板，并在上面标明我们在银河系的位置。

图片来源：http://zh.wikipedia.org/wiki/File：Pioneer10-plaque.jpg

先锋镀金铝板 [1] 上刻有一男一女，以及一些表示这艘探测船来源的符号。就像海中漂浮的瓶中信，这段讯息将会一直在星际间漂浮，直到它被外星生命寻获。这块镀金铝板装嵌在探测器天线的主柱之下，用以保护其不受太空尘所侵蚀（参见图 10.5）。

---

[1] 取材自中文维基百科，条目：先锋镀金铝板。

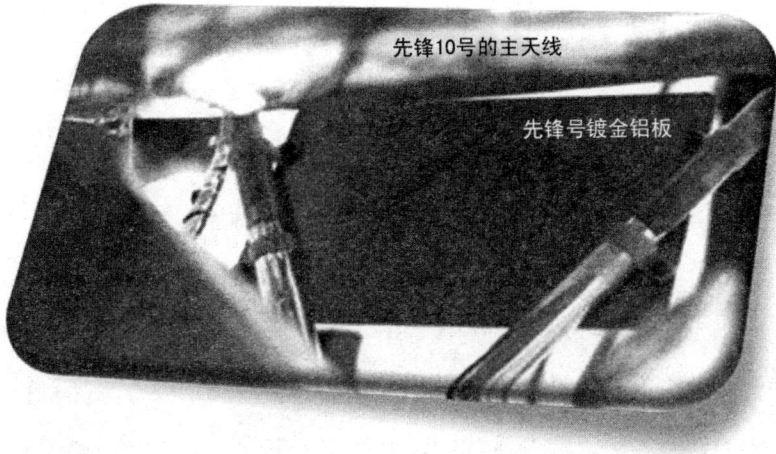

图 10.5 先锋 10 号的镀金铝板装嵌在天线的主柱之下，用以保护其不受太空尘所侵蚀。
图片来源：http：//zh.wikipedia.org/wiki/File：GPN-2000-001621-x.jpg

　　在镀金铝板的左上角位置，刻有一个氢原子内自旋跃迁的图像，因为氢是宇宙里广泛存在的物质。在这个符号之下有一条短的直线，用以表示二进制里的"1"。在氢原子内，电子由自旋向上的状态跃迁到自旋向下的状态，会发射出波长 21 厘米，频率为 1420 兆赫的微波。将这两个数字作为长度及时间的基本单位，用以诠释板上其他符号的含义。例如：整块镀金铝板的宽度有 22.9 厘米，接近氢原子的自旋辐射波长。

　　在板的右方，绘有一男一女，站在探测器的前面。在女性画像旁，绘有以二进制方式表示的"8"。利用从左方的氢原子内自旋跃迁计算出来的长度单位：8 个单位 ×21 厘米 =168 厘米，表达出了地球女性的平均身高约 168 厘米。另外，男性画像的右手上举以示友好，虽然这个手势并非整个宇宙通行，但至少表示人类的拇指和手臂是可以活动的。

在板的左方绘有一个放射性的符号，上面的 15 条直线均由同一个地方放射出来。当中的 14 条线上有一列以二进制形式写上的数字，这表示银河系中 14 颗脉冲星（中子星）的脉冲讯号周期。由于每一颗脉冲星的讯号周期会随时间而变化，所以，外星人可以依据当时的脉冲周期计算这个宇宙飞船的发射时间。线条的长度表示那些脉冲星相对于太阳的距离。每段线条尾部的记号则表示了其交错于银河平面上的 Z 坐标。

一旦外星人寻获这块板，可能从他们那里只看见当中几颗脉冲星而已。故标示 14 颗脉冲星之多，可以给予更多的坐标，即使他们只看见其中的几颗脉冲星，仍然可以通过三角测量的方法来计算这艘探测器的来源位置。至于第 15 条线则向右延伸到人类绘图之后，这条线表示了太阳与银河系中心的相对距离。

在板的底部绘有太阳系的图示，还用一个细小的图形代表探测器。从图中可以看到探测器经过木星后离开太阳系的轨道。土星更绘上了光环，希望以这个特征来凸显出太阳系，便于寻找。在每个行星旁的一组二进制数，表示每个行星与太阳的相对距离，单位相当于水星公转轨道的十分之一。

对于板上图案的诠释，是以人类的观点解释宇宙，外星人是否看得懂当然还是一个问题。虽然在板面的设计上，利用有限的空间来尽量承载更多的讯息，但实际上就连科学家也几乎没有一位能完全明白板上的所有意思。有人质疑这么精简的图案，对于外星的高智慧生物来说可能更难解读，因为他们未必与我们拥有相同的知识背景。对于这样一块密码板，一旦被外星人发现，可能需要花上好几代的时间去破解，就像我们破解古埃及的象形文字一样，花了好几个世纪的时间。但另一个说法是，我们过于杞人忧天了，以外星人的智慧要破解这样的密码应该是不费吹灰之力。

11 星际旅行第一停靠站：
半人马座阿尔法星

　　人类星际旅行的第一停靠站，当然是离太阳系最近的恒星：半人马座阿尔法星（中国星象学的南门二）。星际旅行的冒险小说与电子游戏中经常出现这样的剧情，当地球人口爆炸以致资源将耗尽，或是遭到小行星撞击而面临毁灭时，人类必须针对半人马座的阿尔法星进行开发与殖民活动。

　　想不到这一科幻小说的情节竟有可能成真，因为就在 2012 年，天文学家发现了阿尔法星的外围运行着一颗类似地球的行星。不管这颗行星上有无生命，至少证实了星际旅行第一停靠站确实存在，等着我们去开发。至于人类何时才能发展出星际航行技术，便于出发前往阿尔法星，目前还是一个未知数；但是大家可能不知道，人类的先遣部队却早已启程了。

　　于 1977 年发射的航海家 1 号无人探测船，目前已飞出太阳系进入星际空间，并且仍和地球保持正常通讯，而它正是朝着半人马座阿尔法星飞去的。在半人马座阿尔法星中发现类地行星，这是在距离地球最近的恒星系统中发现可能存在宇宙生命或可供人类居住行星的重要一步。

半人马座（Centaurus）原本是秋天夜晚的星座，但在中国的华南和中国台湾地区，在春季晚上才能看到半人马座出现（参见图11.1）。半人马座与圆规座交接处有两颗极为靠近的亮星，一颗就是黄色的南门二（阿尔法星，Rigil Kentaurus），另一颗则是白色的马腹一（Hadar），它们是半人马座中最亮的两颗星，同时以作为南十字星座最外围的指引而闻名。因为南十字星座的位置太靠近南边，所以大部分的北半球都看不到。传闻14世纪郑和下西洋时，曾用它们导航，故并称"南门双星"。

图11.1　在中国台湾的天空，要到春季晚上才能看到半人马座。半人马座的南门二（阿尔法星）就是离太阳最近的恒星，它与另一颗恒星马腹一合称南门双星，曾作为郑和下西洋时的导航星。

图片来源：http://aeea.nmns.edu.tw/2003/0304/ap030405.html

半人马座阿尔法星实际上是一个三星系统,此三星分别以代号 A、B、C 称之。阿尔法星 A 与阿尔法星 B 是一对密近双星,相互公转的周期为 80 年,距离太阳为 4.24 光年（约 277600 天文单位）。第 3 个成员阿尔法星 C 是一颗红矮星[1]，它非常黯淡,肉眼看不到,它就是知名的比邻星（Proxima Centauri），距离太阳 4.22 光年,是已知的最接近太阳的一颗恒星。阿尔法星 B 是全天空第 4 明亮的恒星,不过因为它与阿尔法星 A 距离过近,肉眼无法分辨出二者,所以,它们的综合视星等为 −0.1 等（超过第 3 亮的大角星），绝对星等[2]则为 4.4 等。

自 19 世纪以来,天文学家就推测半人马座阿尔法三星系统中可能存在行星,并且提出了在这个距离太阳系最近的恒星系统中存在宇宙生命的可能性。行星组成模式显示：类地行星可以在接近半人马座阿尔法星 A 与阿尔法星 B 的位置形成。但是,类似木星与土星的类木行星则因为双星的重力影响而无法形成。然而由于之前观测仪器的精度不够,迟迟无法证实阿尔法三星系统中所隐藏的类地行星。

---

[1] 红矮星的直径及质量均低于太阳的三分之一，表面温度也低于 3500 K。释出的光也比太阳弱得多，有时可低于太阳光度的万分之一。由于内部的氢元素核聚变的速度缓慢，红矮星不会膨胀成红巨星而耗尽氢气。它们会保持稳定的光度和光谱持续数千亿年。由于现在宇宙的年龄有限，还没有一颗红矮星可以发展到最后的阶段。（中文维基百科）

[2] 有些星体看起来很亮，只是因为距离地球近，因此仅凭目视星等无法决定恒星本身的亮度。我们必须从相同的距离观察恒星，如此才能比较它们的发光强度。我们把从距离星体 10 个秒差距（32.6 光年）的地方看到的目视亮度（也就是视星等），叫做该星体的绝对星等。

直到 2012 年 10 月 16 日，天文学家正式宣布在半人马座阿尔法星 B 旁发现一颗质量相当于地球的行星环绕。科学家使用位于智利的欧洲南方天文台，拉希拉观测站 3.6 米口径的高精度视向速度法系外行星搜索器，探测到了该天体的存在。本项研究成果发表在 2012 年 10 月 17 日出版的《自然》杂志上。天文学家对半人马座阿尔法星进行了为期 4 年多的观测，才确认了这一颗行星的存在，它围绕着阿尔法星 B 公转，周期为 3.2 天。

由于该行星的存在，阿尔法星三体系统的运动呈现出微小的摆动，正是这微小的变化被高精度系外行星探测器所捕捉到，才发现了该行星。半人马座阿尔法星 B 非常类似我们的太阳，但是略小一些，而且亮等也稍微低一些。新发现的行星质量与地球非常接近，可能会略大一些，行星轨道距离主星约为 600 万千米，比水星距离太阳的轨道半径更小。

自从 1995 年天文学家发现了第一个系外行星，到目前为止，已经确认了超过 800 个系外行星。但是这些行星都比地球大得多，且很多是和木星类似的巨型气态行星世界。相对而言，2012 年所发现的阿尔法星旁的类地行星具有非常特殊的意义，它不仅是距地球最近的系外行星，其大小与质量也最为接近地球。

虽然现在人类的载人星际航行技术还不成熟，但我们的无人先遣部队却已先出发了。于 1977 年发射的航海家 1 号（Voyager 1）无人探测船目前正悄悄地往半人马座阿尔法星的方向飞去（参见图 11.2），并携带了一张铜质磁盘唱片，以各种语言及音乐表达了人类对外星人的问候。

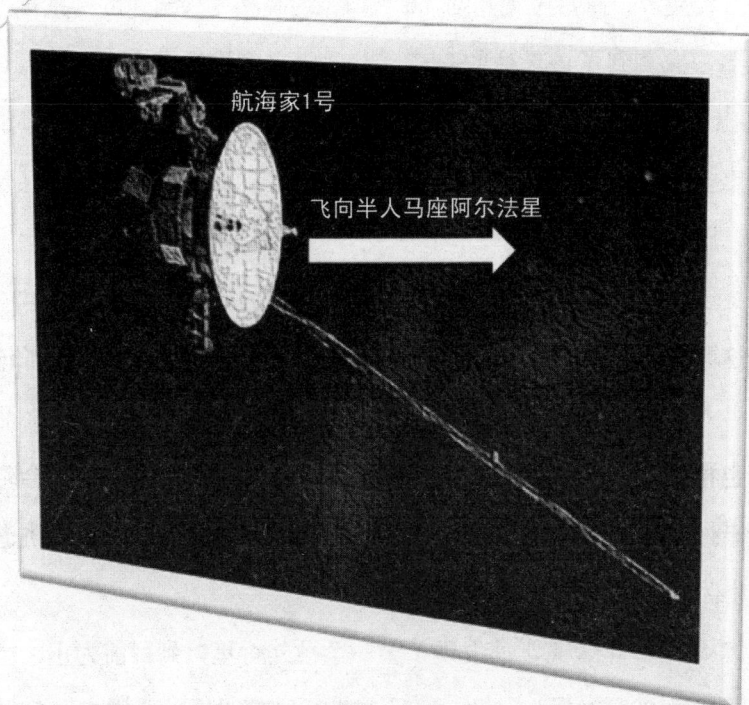

图 11.2　于 1977 年发射的航海家 1 号无人探测船，目前已飞出太阳系进入星际空间，并且仍和地球保持正常通讯，而它的飞行方向正是朝向半人马座阿尔法星而飞去的。

图片来源：http://tamweb.tam.gov.tw/v3/TW/content.asp?mtype=c2&idx=371

　　航海家 1 号原先的主要目标是探测木星、土星及其卫星与环；现在，任务已变为探测太阳风层顶，以及对太阳风进行粒子测量。于 20 世纪 70 年代发射的四艘无人探测船中，航海家 1 号离地球最远，目前也只剩下航海家 1 号和地球保持正常的通讯运作，其他三艘已失联。

　　截至 2012 年 2 月 10 日，航海家 1 号离太阳 179.1 亿千米（即 119.4 天文单位），进入了日鞘，即介于太阳系与星际物质之间的终端震波区域（参见图 11.3）。如果航海家 1 号在离开太阳风层顶后仍能有效运作，科学家们将有机会首次量度到星际物质的实际情况。依据此时的位置，太空飞行器发出的电磁波讯号需要 17 个小时才能抵达地球的控制中心。航海家 1 号目前的相对速度是 17.062 千米 / 秒或 61452 千米 / 小时，相当于每年飞行 3.599 天文单位。航海家 1 号在

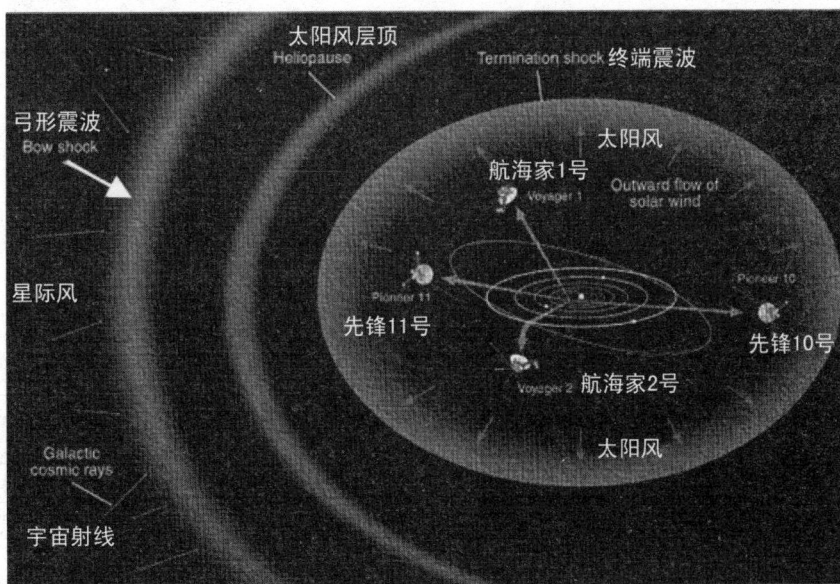

图 11.3 航海家 1 号 2012 年的位置：介于太阳系与星际物质之间的终端震波区域。

图片来源：http://news.bbc.co.uk/2/hi/science/ature/4576623.stm

这样的方位和速度下将会花上 73 600 年的时间经过半人马座阿尔法星 C（比邻星）。

航海家 1 号探测船是以三块放射性同位素热电机[1] 作为动力来源。这些发电机目前已经大大超出了原先的设计寿命，一般认为它们在大约 2020 年之前，仍然可以提供足够的电力令太空飞行器继续与地球保持联系。2012 年 6 月 17 日，美国航空航天局公布，经过 35 年的飞行，航海家 1 号已经离开太阳系，成为首个离开太阳系的人造物体。探测器目前依靠放射性同位素热电机发电，系统最低限度运作至 2020 年，到那时航海家 1 号将继续向半人马座阿尔法星前进，但再也不会向地球发回数据了。

航海家 1 号上携带了一张铜质磁碟唱片，向"外星人"表达人类的问候。这张唱片有 12 英寸（30.48cm）厚，表面镀金，内藏留声机针（参见图 11.4）。内容包括 55 种人类语言录制的问候语和各类音乐，这 55 种人类语言中包括了古代美索不达米亚阿卡得语等非常冷僻的语言，以及中国的四种语言（普通话、粤语、闽南语、吴语）。问候语为："行星地球的孩子（向你们）问好"。

唱片还包括了以下内容：

• 时任联合国秘书长库尔特·瓦尔德海姆的问候。

• 时任美国总统卡特的问候，内容是："这是一份来自一个遥远的

---

[1] 放射性同位素热电机（Radioisotope Thermoelectric Generator，缩写 RTG）是一种利用放射性衰变获得能量的发电机。此装置利用热电偶阵列接收了一些合适的放射性物质，在其衰变时放出热量，再将其转成电能。（中文维基百科）

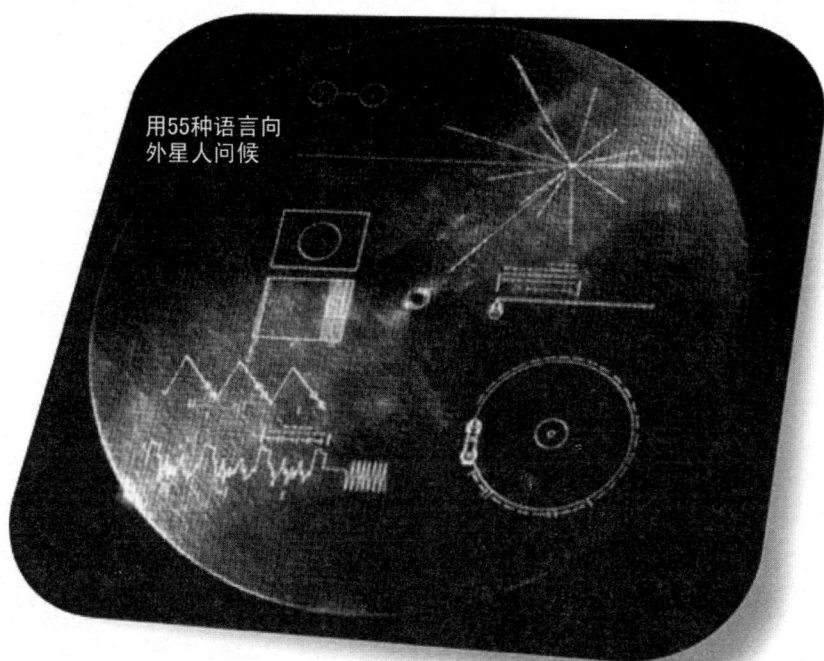

用55种语言向
外星人问候

图 11.4 航海家 1 号上携带了一张铜质磁碟唱片，向"外星人"表达人类的问候。内容包括用 55 种人类语言录制的问候语和各类音乐。

图片来源：http://zh.wikipedia.org/wiki/File：The_Sounds_of_Earth_Record_Cover_-_GPN-2000-001978.jpg

小小世界的礼物。上面记载着我们的声音、我们的科学、我们的影像、我们的音乐、我们的思想和感情。我们正努力走过我们的时代，进入你们的时代。"

• 一段 90 分钟的声乐集锦，主要包括地球自然界的各种声音以及

27 首世界名曲，其中有中国古琴曲《流水》、莫扎特的《魔笛》和日本的尺八曲等。

• 115 幅影像，太阳系各行星的图片、人类生殖器官图像及说明等。

12 星际航行计划的实现：
核聚变火箭

20 世纪 70 年代发射的先锋号与航海家系列无人探测船，主要是针对太阳系内行星的探测，虽然它们已陆续飞离太阳系，但电力系统的运作大都已超过其当初的设计年限，无法再回传后续的信息给地球上的控制中心；另一方面，它们的飞行速度并不适合作为星际航行之用。上一单元我们曾提到，航海家 1 号虽然是目前速度最快的人造飞行器（17 千米 / 秒），但以这样的速度要到达离我们最近的恒星——半人马座的阿尔法星，却仍需要经历 73 600 年的漫长岁月。

为了星际航行，我们必须开发速度更快的飞行器，于是代达罗斯计划 [1]（Project Daedalus）便孕育而生。它是英国星际学会（British Interplanetary Society）在 1973 至 1978 年之间倡导的研究计划，考虑使

---

[1] 代达罗斯是希腊神话中一个著名的工匠，来自雅典，是厄瑞克族人。他有一个儿子叫做伊卡洛斯。代达罗斯因嫉妒自己弟子塔洛斯（Talus）的才华而杀害了他，因此被赶出了雅典。代达罗斯后来为克里特岛的国王米诺斯建造了一座迷宫，用于关押半牛半人的怪物弥诺陶洛斯，但是连他自己都逃不出自己所建的迷宫。代达罗斯造出用蜜蜡做成的翅膀，尝试飞出迷宫。他的儿子伊卡洛斯（Icarus）率先飞出，但不幸的是，这个翅膀是失败的作品，使他痛失爱子，遗憾万分。

假飞碟，才是真科学

Fake UFO,Real Science

用无人宇宙飞船对另一个恒星系统进行快速探测。理论建议使用聚变

火箭并且只要 50 年的时间，亦即在一个人的有生之年内就可以抵达巴

纳德星 [1]（参见图 12.1），这是距离太阳系第二近的恒星（5.96 光年）。

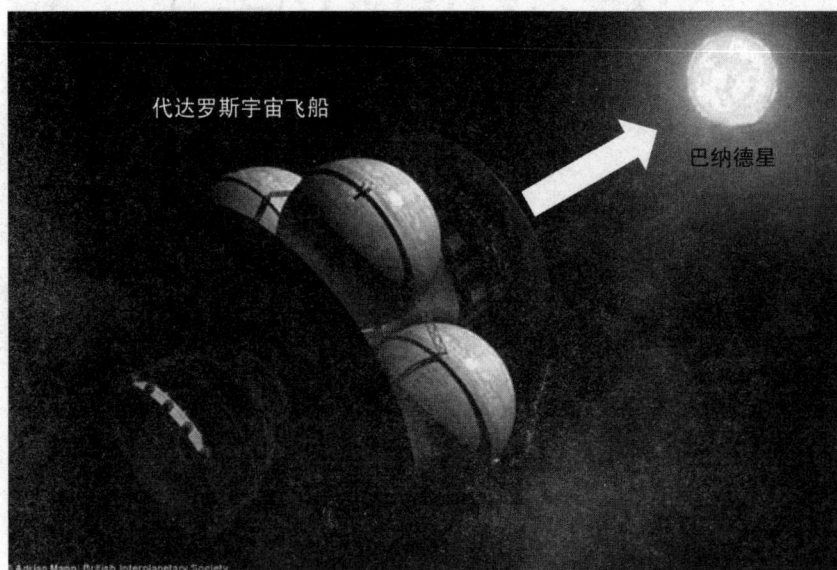

图 12.1　代达罗斯计划中所设计的核聚变宇宙飞船，可加速到光速的 12%，预计以 50
年的时间到达巴纳德星。

图片来源：http：//www. flightglobal. com/features/space-special/Aiming-for-the-stars//Aiming-for-the-
stars/

　　巴纳德星之所以成为天文学家所瞩目的热门星球，是因为它有几

点与众不同的地方。第一，它是目前所有已知恒星中，自行 [2] 运动最快

[1] 巴纳德星位于蛇夫座 β 星附近，位置赤经 17 度 58 分，赤纬 4 度 41 分，星号
为 BD + 04° 3561a，它是由美国天文学家爱德华·爱默生·巴纳德于 1916 年在叶
凯士天文台发现的，为纪念他在天文学的贡献，后来称之为"巴纳德星"。
[2] 自行是指恒星在天球上每年所移动的角度，以角秒为单位，3600 角秒才合一般
角度里的 1 度。

的恒星，因此有时候也叫做逃亡之星（Runaway Star），它的自行比大熊座的飞行之星快一倍。一般恒星的自行，一年还不到 1 角秒，而巴纳德星的自行一年是 10.31 角秒，这就是说，只需 175 年它就可以在天上移动一个月亮直径的距离。

如果换算成实际的移动距离，巴纳德星相对于太阳系的横向位移是 90 千米 / 秒，而径向位移是 108 千米 / 秒（参见图 12.2）。虽然现在的巴纳德星是距离我们太阳系的第二近恒星，但由于它正快速接近太阳系，预估公元 11800 年时，巴纳德星距离地球仅 3.85 光年，那时

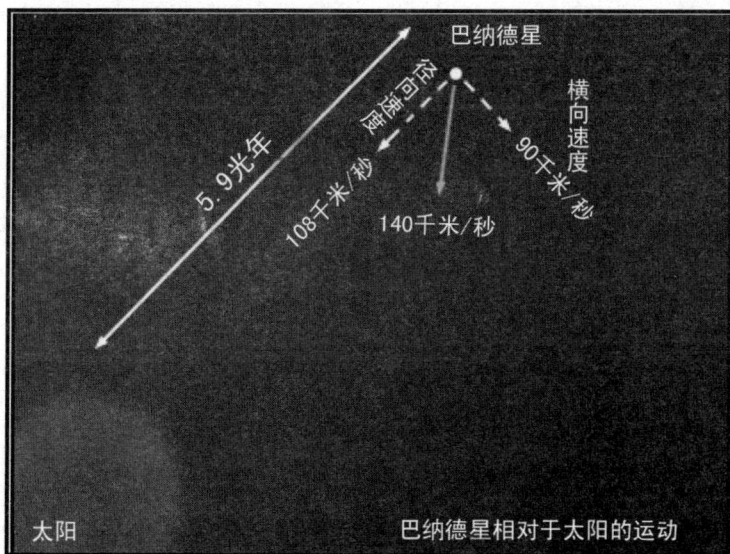

图 12.2 巴纳德星是目前所有已知恒星中自行运动最快的恒星。巴纳德星相对于太阳的运动，横方向的相对速度为 90 千米 / 秒，此即所谓的"自行"运动，径方向的相对速度为 108 千米 / 秒。

图片来源：http://www.lcsd.gov.hk/ce/Museum/Space/FAQ/star/c_faq_star_34.htm

它就超越了半人马座的阿尔法星，成了除太阳以外离地球最近的恒星了。所以，如果将恒星的自行运动考虑在内，星际航行的第一停靠站应是巴纳德星，而非半人马座的阿尔法星，这正是代达罗斯宇宙飞船航向巴纳德星的原因。

巴纳德星吸引人的另一个地方，是这颗恒星周围很可能有两颗大小约等于木星和土星的行星在围绕着它旋转，是离我们很近的另一个太阳系。巴纳德星属于红矮星，表面温度约为 3000 K，亮度很弱，以肉眼观测是看不见的。若将它和太阳放在一起，则它的明亮度只有太阳的万分之四。它的质量约为太阳的 17%，直径约是太阳的 1/6，相当于只有地球的 20 倍。

为了给宇宙飞船提供巨大的动力，以便在 50 年内能够飞行 6 光年。火箭工程师阿兰·邦德率领的 13 人研究小组提出了核聚变火箭的构想。核聚变又称核融合，它模仿太阳内部产生能量的方式，所以又称人造太阳。核聚变是在火箭发动机的内部，用磁场构筑一个燃烧室（参见图 12.3），中间放有核燃料，再向核燃料球发射电子束，产生离子（带电原子核），并通过环形磁场来加速离子，产生高热电浆（又称等离子体）。当磁场加热到足够温度时，原子核的动能才足以克服彼此的正电库仑排斥力而融合在一起，并释放出能量。

由于核聚变发生时的温度非常高（百万摄氏度以上），没有任何实质材料可作为燃烧室的外壁，故只能用无形的磁场限制电浆的运动范围，并通过磁场的加速使原子核获得足够的动能以进行核融合。

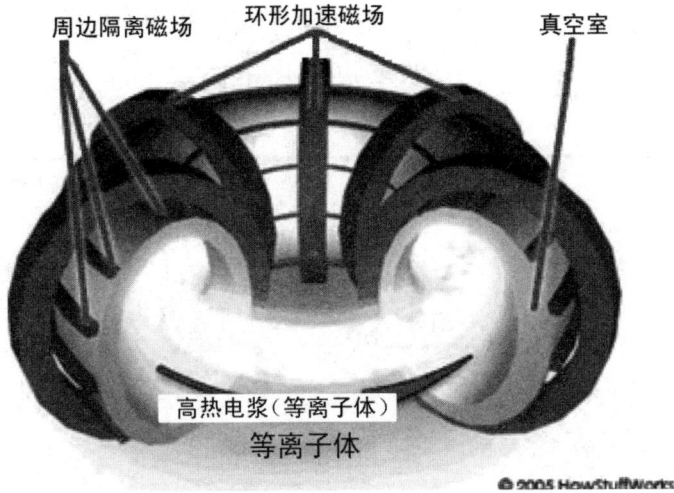

图 12.3 核聚变火箭用周边磁场构筑一个燃烧室，并用环形磁场加速原子核，使其获得足够动能，克服彼此的库仑排斥力而融合在一起，并释放出能量。

图片来源：http：//science.bowenwang.com.cn/fusion-reactor3.htm

核聚变是指由质量轻的原子，主要是指氢[1]的同位素氘（$_1^2H$）和氚（$_1^3H$）在超高温条件下，发生原子核互相聚合作用，生成较重的氦原子核（$_2^4He$）及自由中子（$_0^1n$)，并释放出巨大的能量（17.6 百万电子伏特），其核反应式为（参见图 12.4）：

$$_1^2H + _1^3H \rightarrow \, _2^4He + _0^1n + 17.6MeV \qquad (12.1)$$

1 千克的氘全部聚变所释放的能量，相当于 1.1 万吨煤炭。氘广泛存在于水中（氘和氧原子组成的水就是重水），每 6700 个正常氢原子

---

[1] 正常的氢原子核中只有一个质子，没有中子。氢的同位素"氘"则含有一个质子，一个中子，符号记做 $_1^2H$，其中的上标 2 代表质子数与中子数的总和，下标 1 代表质子的数目。氢的第二个同位素"氚"则含有一个质子，两个中子，符号记做 $_1^3H$，因为它的质子数与中子数的总和是 3，而质子数仍是 1。

中就有一个是氘。海水中所包含的氘的数量，超乎我们的想象，而且从海水中提炼氘是很容易的。目前提炼 1 千克氘的价格在 300 美元以下，且越来越便宜。相比之下，1 千克浓缩铀的价格是 12000 美元。

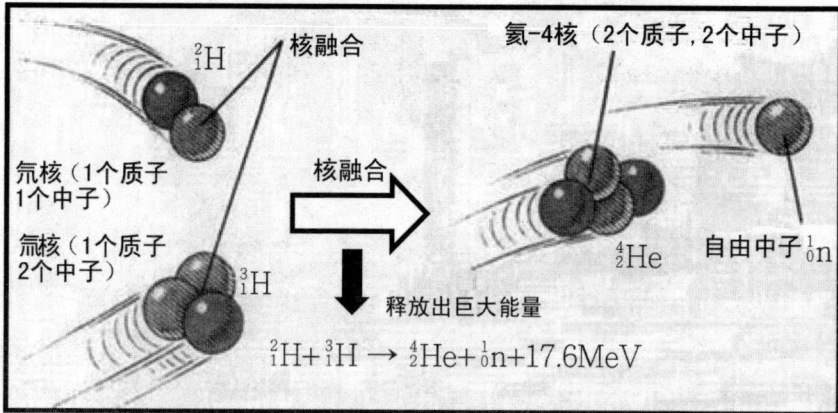

图 12.4　核聚变是指氢的同位素氘（^2_1H）和氚（^3_1H）在超高温条件下，发生原子核互相聚合作用，生成较重的氦原子核（^4_2He）及自由中子（^1_0n），并释放出 17.6 百万电子伏特的能量。

图片来源：http://www.zhihu.com/question/20328896

至于氢核聚变的另一原料氚（^3_1H）在自然界中不存在，需要人工提炼。它是地球上最贵的东西之一，一克氚价值超过 30 万美元，美国保存有 30 千克左右的氚。幸运的是，氚可由锂元素的分裂而得到，而锂又是地球蕴藏最丰富的元素之一，估计有 2000 多亿吨的藏量，而海水中就包含足够的氯化锂，从中可分离出锂。锂（^6_3Li）在被高速中子轰击之后，就会裂变产生氚：

$$^6_3Li + ^1_0n \rightarrow ^4_2He + ^3_1H \qquad (12.2)$$

上式反应中的高速中子可由氘－氚的聚变反应来提供。由（12.1）式知，氘和氚聚变反应后，除了形成一个氦原子核之外，还有一个多余的中子，并且能量很高。我们只需要在核聚变的反应体内，保持一定比例的锂原子核浓度，那么核聚变产生的中子就会轰击锂核，促使锂核裂变，产生一个新的氚，这个氚则继续参与氘－氚反应，继而产生新的中子，于是形成连锁反应。所以，理论上我们只需要给反应体提供两种原料——氘和锂，就能实现氘－氚的核聚变反应，并且维持它的进行。

其实人类早已实现了氘与氚的核聚变——氢弹爆炸（参见图12.5），但氢弹是不可控制的爆炸性核聚变，瞬间能量的释放会带给人

图 12.5 氢弹爆炸所产生的冷凝云。氢弹是不可控制的爆炸性核聚变，它是先通过原子弹（即铀分裂）爆炸所产生的高温高压环境，诱导出氘－氚的核聚变反应，再瞬间释放比原子弹高出千倍的爆炸能量，从而带来毁灭性的灾难。

图片来源：http://www.sinoec.net/society/UploadFiles_3563/200905/2009050909045751.bmp

类毁灭性的灾难。如果能让核聚变反应按照人们的需要长期持续释放，则可以为地球人类或宇宙飞船提供永不间断的能量来源。

目前全世界核电厂所产生的核能均是源自核分裂（铀235的核裂变），而不是核聚变。核分裂不仅会产生放射性的核废料，而且效率也比核聚变低很多。在铀235的裂变中，236个核子参与反应只得到200MeV（百万电子伏特）左右的能量，而氘与氚的核聚变中（参见图12.4），5个核子就得到了17.6MeV，也就是说单位质量的核燃料核融合得到的能量是核分裂的3倍左右。这就是氢弹的威力远大于原子弹的原因。

以更具体的数据来说明二者的差异。对一个产出百万千瓦的火力发电厂而言，每年消耗的煤是210万吨；如果这个发电厂是用核分裂发电，它需要30吨的核燃料；如果它是核聚变发电厂，则燃料只需要600千克，而且产物是极为稳定的钝气——氦，不会造成任何环境的污染。核聚变的超高燃烧效率说明了为何我们要用它为动力来进行星际航行。

有了对核聚变的基本了解后，我们再看代达罗斯计划中的核聚变火箭。考虑到宇宙飞船的长时间旅程，核聚变的原料必须容易携带且能够由外层空间不断地补充，所以太空火箭内所进行的核聚变反应与地球上的核聚变反应式（12.1）有些差异（参见图12.6）：

$$^2_1H + ^3_2He \rightarrow ^4_2He + ^1_1p + 18.4MeV \tag{12.3}$$

上面的公式表达了氘核（^2_1H）与氦-3核（^3_2He）融合成氦核（^4_2He）的核融合反应，并释放出一个中子（^1_1p）及18.4百万电子伏特（MeV）

的能量。比较（12.1）式与（12.3）式，可以发现氘核与氦-3核融合后所释放的能量，比氘核与氚核的融合能量高一些，而且融合时所需的环境温度也相对较低，亦即比较容易进行核聚变反应。

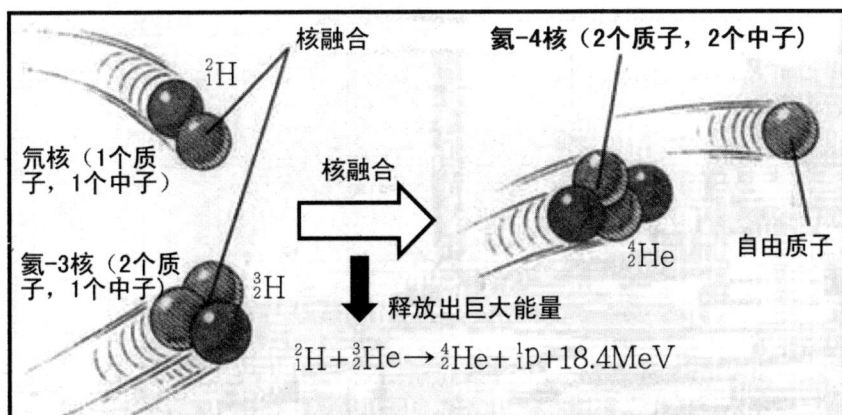

$$^2_1H + ^3_2He \rightarrow ^4_2He + ^1_1p + 18.4MeV$$

图 12.6 以核融合（核聚变）为动力的宇宙飞船，在其内部的反应室进行着氘核与氦-3核融合成氦-4核的反应，并释放出18.4百万电子伏特（MeV）的能量。

飞船使用氦的同位素氦-3，以取代氢的同位素氘，作为核聚变的原料，这是因为氦-3在地球上很少，但是在月球以及气态行星（木星）上蕴藏量丰富。科学家认为，采集木星氦-3的方式可以用一根"空心绳"在轨道上将木星大气中的氦-3吸取过来。同时，这根"空心绳"还可以用来切割木星的磁力线，以达到发电的效果。

代达罗斯计划虽是一个无人宇宙飞船，却重达5.4万吨，相当于半艘尼米兹级核动力航空母舰的质量，它是一艘真正的星际飞船，其中燃料的质量达5万吨，科学仪器质量只有区区的500吨。当宇宙飞船立在圣保罗教堂旁时，巍峨的教堂顿时变成玩具般渺小（参见图 12.7）。

图12.7 代达罗斯计划中的核聚变宇宙飞船，宇宙飞船体积巨大，远超过圣保罗大教堂。
图片来源：http://www.bis-space.com/what-we-do/projects/project-daedalus

　　因为实在太大，所以，这个无人宇宙飞船将在地球轨道上建造。代达罗斯探测器是个两级的飞行器（参见图 12.8），第一级工作 2 年，把它加速到光速的 7.1％，之后第二级工作 1.8 年，把它加速到光速的 12％，然后关闭发动机，在茫茫太空中巡航 46 年，最后到达目的地——巴纳德星。因为在太空中要面对极低温度的考验，探测船外壳大量使用了铍（元素符号 Be），使飞行器在低温中仍然能保持结构强度。

　　代达罗斯计划所要制造的无人宇宙飞船，多年来一直停留在设计阶段，而当初所要登陆的目标恒星——巴纳德星，经过 20 多年的观测，也逐渐排除其周围有类地行星的存在。来自加州大学伯克莱分校的一组天文学家们通过多普勒测量技术分析了 248 颗目标恒星，对恒星内侧轨道是否有行星的存在进行了精密测定。不幸的是，通过该天文学家小组的分析，巴纳德星的可居住带上，似乎并不存在适合人类居住的行星世界，没有发现类似地球这样的岩质行星环境。

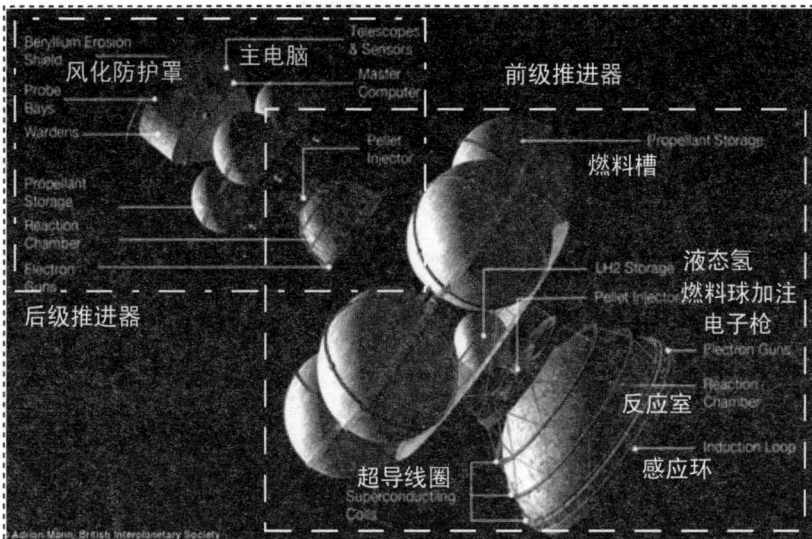

图 12.8　代达罗斯宇宙飞船是个两级的飞行器。第一级运作 2 年，加速到光速的 7.1%，第二级运作 1.8 年，加速到光速的 12%。

图片来源：http://www.bis-space.com/what-we-do/projects/project-daedalus

13 美国百年星舰计划：

人造太阳

20世纪的代达罗斯计划最终并没有实现，但它的设计构想经过多次的修正与改良，已逐渐趋于成熟。尤其是核聚变技术，在近年来已取得突破性的进展，这使得核聚变宇宙飞船的实现更加乐观。

进入21世纪后，英国星际学会的伊卡洛斯[1]星际航行计划，以及美国的"百年星舰"[2]宇宙航行计划，继承了代达罗斯计划的理念，企图制造一艘5万吨级的巨型核聚变飞船，能以12%光速飞行，并最终抵达另一个恒星系统。我们知道在希腊神话中，伊卡洛斯正是代达罗斯的儿子的名字，伊卡洛斯星际航行计划所要表达的就是人类对于星际航行任务的世代传承与接棒。

伊卡洛斯星际航行计划目前正针对核聚变飞船进行设计并进行基础研究，比如革命性的飞船核子动力、核燃料的存储与取得，以及无

---

[1] 伊卡洛斯星际公司是一个致力于研究科学和技术以使得人类在2100年进行真正意义上星际航行的非营利性机构，由英国星际协会与Tau Zero基金会发起，物理学家、博士后研究员理查德·奥伯塞（Richard Obousy）是该计划的联合创始人。

[2] 关于美国"百年星舰"宇宙航行计划，请点击http://city.udn.com/66275/4867841?tpno=6&cate_no=0#ixzz2MfRcTRmx

人飞船的姿态控制（Attitude Control）、导引（Guidance）、导航系统（Navigation），等等。针对跨恒星航行途中可能发生的故障，飞船上需配备有自主式机器人与机器手臂，进行全自动化的检修。这些相关的自动化、智能化设计和制造技术，如今都已是地球人类的成熟科技。看来，随着世界科技文明的进展，星际航行计划已逐渐水到渠成。剩下的问题就是如何整合现有的人类科技，进行宇宙飞船的建造与组装。为了执行长程飞行任务，星际航舰所要携带的燃料与各种自动化设备，将使得机身相当庞大，如果直接由地表起飞，仅为了克服地球重力场，便要耗费其大半燃料，非常不利于后续的星际飞行。解决的方法是，在地球轨道上建立一条组装线，直接在太空中建造航舰（参见图13.1）。

图 13.1　在伊卡洛斯计划中，科学家设计了核聚变宇宙飞船，由于体积太过庞大，它必须在地球轨道上进行组装。

图片来源：http://www.bisbos.com/space_n_icarus_gallery_concepts.html

假飞碟，才是真科学
Fake UFO,Real Science

宇宙飞船的组装可以在一个环形结构中完成，它就像是国际太空站一样。

相对于伊卡洛斯计划中的无人飞船，美国的百年星舰计划则是要打造一艘核聚变飞船，在未来一百年内把人类送往另一颗恒星世界。目前这两个星际航行计划已经联合运作，以加速目标的实现。百年星舰计划是美国航空航天局NASA于2010年提出，旨在未来一百年内，探寻到一个商业模式，开发出成熟的长距离载人宇宙方案。该计划预计花费100亿美元，NASA向众多富豪发出邀请，希望他们投资这一项目。历经两年，这个项目才获得足够的启动资金。2012年9月13日，相关人员在休斯敦举行研讨会，并由美国原总统克林顿宣布启动此庞大项目。

百年星舰计划的合作单位——英国伊卡洛斯星际组织负责人亚当·克鲁尔说，他们的第一个目标是火星，或是火星的两个卫星。该计划的两大挑战是新的核聚变推进系统与定居火星的生命维持系统，"我们将致力于打造持续百年太空飞行的星际飞船，以及可行的星际航行技术，最终将使全人类受益。"

美国国防部高级研究计划局（DARPA）也加入了研制核聚变宇宙飞船的计划，并提供了50万美元作为该计划的启动研究资金。第一位黑人女航天员梅·杰米森（Mae Jemison）被选任为百年星舰计划的机长，她在1992年执行过太空任务。梅·杰米森将领导该项目，进行太阳系外的探索，她认为百年星舰计划将使人类有能力飞出太阳系，并在未来百年内抵达另一颗恒星系统进行探索。

图 13.2 据英国《每日邮报》2012 年 9 月 9 日报道，美国航空航天局（NASA）和美国国防部高级研究计划局（DARPA）正在开展一项名为"百年星舰"的宇宙探索计划，希望在百年内能够让人类离开太阳系，抵达其他遥远的星球。

图片来源：http://club-star-trek-35.superforum.fr

　　核聚变飞船的研发不仅是星际航行成败的关键，也关系到地球永续能源的建立。今天，全球经济的快速发展导致地球化石燃料完全枯竭的时刻，将比预期的时间点提早许多到来；而大量燃烧化石燃料的后果：地球暖化及极端气候的形成，也必须由全体人类共同面对和承担。另一方面，核能（由裂变铀 235 所产生的能量）发电虽然不会排放温室气体，但它的安全性与核废料的处理，却日益受到大众的质疑。再生能源（如风力与太阳能）虽是干净的替代能源，但它们的能源替代率却又很低，无法完全取代火力发电与核能发电。当我们面对三个抉择：化石能源、核分裂能源、再生能源，不知该何去何从时，其实还存在着第四个更好的选择：核聚变能源，亦即所谓的人造太阳。

根据科学家的估算，如果把自然界的氘和氚全部用于聚变反应，释放出来的能量足够人类使用100亿年。与目前核电厂内的核裂变相比，氘和氚的聚变是一种安全、不产生放射性物质、不产生温室气体、原料成本低廉的能源，可以说是具备了前面三种能源的优点。

图 13.3 列出了四类核聚变反应方程式，它们的产物都不具有放射性，但第一类反应中的原料氚，则是放射性物质。第一类反应是氘和氚的核融合，就是目前研发中的人造太阳实验作为依据的方程式。第四个反应式则是核聚变宇宙飞船内所进行的核融合反应。如前文所言，这是因为月球与木星上蕴藏有大量的氦–3（^{3}He），宇宙飞船在航行途

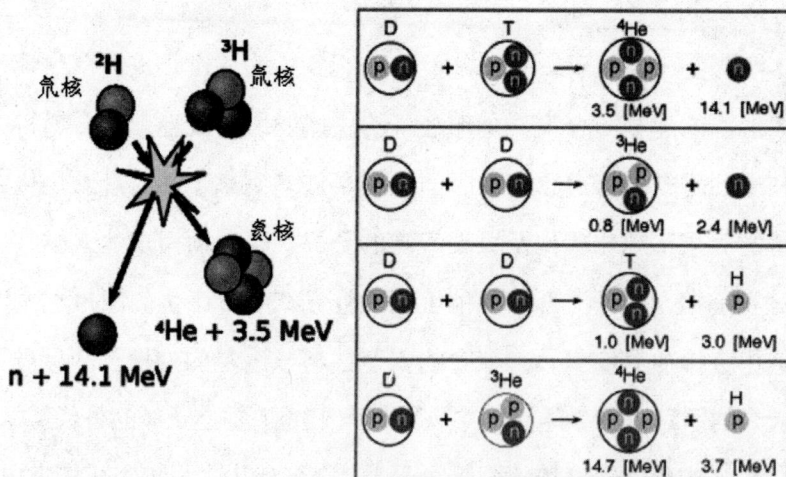

图 13.3 四种核聚变反应方程式，其中 D 代表氘（$^2_1$H），T 代表氚（$^3_1$H），n 代表中子，p 代表质子。左边的小球示意图表达出第一个核聚变反应式的反应物与产物的关系。

图片来源：http://www.geekonomics10000.com/127

中可顺便加以采撷，如此可以减轻出发时的燃料载重。

从核能使用安全的角度来看，第四类的氘－氦－3核聚变会比第一类的氘－氘核聚变更安全，因为氘－氦－3核聚变的原料以及产物都不具有放射性。氦－3是一种世界公认的高效、清洁、安全的核聚变发电燃料。但缺点是氦－3在地球上的蕴藏量很少，目前已知可开采的氦－3矿藏量全球仅有约500千克。

月球是解决地球能源危机的理想之地，根据先前人类登月所取得的土壤样本（参见图13.4），初步估计月球地壳的浅层内含有超过百万

图13.4 估计月球地壳的浅层内，含有超过百万吨的氦－3。它所能产生的核能足够地球人类使用一万年。

图片来源：http://www.desktopwallpaperhd.com/wallpapers/25/11273.jpg

吨的氦 –3 燃料。100 吨氦 –3 所释放出的能源足以供全世界一年的能源总消耗量，因此，月球上所储藏的氦 –3 核燃料足够地球人类使用一万年。中国于 2013 年进行的嫦娥登月计划 [1]，其中的一个目的就是要对月球氦 –3 的含量和分布进行一次详细的实地勘察，为人类未来利用月球核能奠定坚实的基础。

除了原料的取得问题外，核聚变所面临的最大挑战在于如何让不同的原子核融合在一起。原子核需要靠近到一定的程度，才能克服自然的互斥效果（原子核都带正电），让它们融合在一起，并释放能量。在太阳中可以靠重力达成这个目的，但在地球上显然是无法产生像太阳那样的重力效果，因此只能用增加原子核动能（即温度）的方式，让它们撞在一起，目前主流的方法有两种：

· 磁场约束法

利用强磁场约束原子核的运动，形成一个特殊的磁容器（参见图 12.3），再将里面的聚变材料加热至数亿摄氏度高温（电浆态），实现核聚变反应。20 世纪下半叶，聚变能的研究取得了重大的进展，托卡马克 [2] 类型的磁约束实验证实：电浆温度达到 4.4 亿℃时，核聚变

[1] 中国探月工程最关键的一步，嫦娥三号发射任务的完成，预示中国将实现对地外天体的首次软着陆探测。嫦娥三号将是阿波罗计划结束后，重返月球的第一个软着陆探测器。嫦娥计划总设计师叶培建介绍，嫦娥三号探测器将进行月球软着陆、月面巡视勘察、月面生存、深空探测通信与遥控操作、运载火箭直接进入地月转移轨道等等测试工作。

[2] 托卡马克（Tokamak）是一种利用磁约束来实现受控核聚变的环形容器。它的名字 Tokamak 来源于环形（toroidal）、真空室（kamera）、磁（magnit）、线圈（kotushka）。在 20 世纪 50 年代，由位于莫斯科的库尔恰托夫研究所的阿齐莫维奇等人发明。

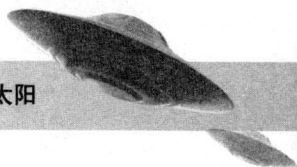

开始运作，就像一颗人造太阳一般，输出的脉冲功率则超过 16 兆瓦。但这一结果是在数秒时间内以脉冲形式产生的，与实际反应堆的连续运转仍有很大的距离。最近受控核聚变研究的重大突破，就是将超导技术成功地应用于托卡马克磁场的线圈上，终于实现了可连续运转的核聚变反应。目前，全世界仅有俄、日、法、中四国拥有超导托卡马克。

·惯性约束法

此法是利用高能激光点燃燃料球，由燃球爆炸瞬间产生的震波，造成燃料球内核融合的发生。国家点火设施[1]正是采用这样的技术（参见图 13.5），经过多年的逐步调整，终于在 2012 年 7 月 5 日的试验中，点火成功，达成了 192 条激光从四面八方同步发射到燃料球上，启动了核融合反应，实现核能输出的瞬间功率达到 500 兆瓦的目标。这个瞬间功率的产出是美国全国任一时候用电的 1000 倍以上，而激光输出的总能量 1.85MJ（百万焦耳）也是其他激光系统的百倍以上。我们可以说，激光核聚变在实验室里创造了以前只有在行星内部深处才存在的情况。

现在，人类不再只是被动地接收来自外层空间的太阳光来发电，而是直接在地球上建造人类专属的太阳来发电。若将这人造

---

[1] 国家点火设施（National Ignition Facility，简称 NIF），又称国家点燃实验设施，是美国的一座激光型核融合装置（ICF）。这个设施由劳伦斯利福莫耳国家实验室建造，位于加州利福莫耳市。NIF 意图使用激光达到极大高温高压，并将其施加于一小粒氢燃料球上。

太阳配置在宇宙飞船上，则数十光年甚至数百光年的星际航行都终将被实现。

图 13.5 国家点火设施（National Ignition Facility）就是一个超大的点火器，只是它点燃的不是普通的火炬，而是一个小小的太阳。使用百万焦耳的激光，以非常精确的时间和方向，在一个点上产生非常大的能量，从而点燃这个点上的聚变材料，进而引发链式反应，在激光能量消失后，聚变材料继续燃烧，自己维持聚变的条件，同时向外释放能量。
图片来源：http://zsdong.wordpress.com/2009/06/01/国家点火装置

14 逼近光速：
反物质火箭

当正物质与反物质相互接触时，会发生湮灭，并以伽马射线的形式释放出大量的能量。以反物质为燃料的星际航舰乃是科幻小说家最津津乐道的题材之一。在著名的《星际迷航》[1] 系列电视剧中，"企业号"宇宙飞船可实现曲速飞行，以超光速抵达宇宙中任何一个地方，都必须仰仗于它的反物质动力系统（参见图 14.1）。

前一单元提到，以核聚变为能源的核子动力宇宙飞船，可以使星际旅行到最近恒星（比邻星，4.2 光年）的时间从万年缩短为百年；而以反物质为动力的火箭，其速度可达到光速的 70%，那么，从地球抵达比邻星的时间可缩短为 6 年。如果反物质火箭的速度能非常接近光速，那么宇宙飞船在瞬间从一星球到达另一星球，将不再只是科幻电影中的情节。

正常情况下，1 千克反物质和正物质湮灭后，所释放的能量是燃

---

[1]《星际迷航》（Star Trek）是一部美国科幻娱乐影集系列电视剧。最初的《星际争霸战》是由尤金·罗登贝瑞制作的美国电视影集，1966 年首次播出并制作了三季。故事是描述詹姆士·T·寇克上校与联邦星舰企业号（NCC-1701）舰员们的星际冒险故事，其后衍生推出动画影集及六部电影，之后又制作了同一虚拟宇宙但描述不同角色的四部电视影集。

企业号以反物质为动力

图 14.1 企业号宇宙飞船可实现曲速飞行、超光速抵达宇宙中任何一个地方，这都仰仗于它的反物质动力系统。
图片来源：http://club-star-trek-35.superforum.fr

烧 1 千克碳氢化合物的 20 亿倍，或者说是 1 千克核分裂反应堆燃料释放能量的 1000 多倍。其实不管是核融合、核分裂，还是正、反物质的湮灭，它们的能量释放公式都是根据爱因斯坦的质能公式 $E=mc^2$ 得来的，其中的 m 是反应前后的质量差。在正、反物质的湮灭反应中，反应后的总质量为零，所以，反应前后的质量差最大，所释放的能量 E 也最大。

反粒子的观念最早出现在狄拉克的相对论量子力学中。1927 年 12 月，英国物理学家保罗·狄拉克（参见图 14.2）提出了电子的相对论方程式。令人意外的是，此方程式除了一般正能量的解之外，同时还存在着负能量的解。狄拉克提出的解释是真空状态中，充满了负能量电子的"海"。狄拉克进一步发现电子海其实是由带正电荷的"洞"所组成。起初他认为这正电荷是质子，但韦尔（Hermann Weyl）指出这些"洞"应该是和电子质量相同，但带有电荷相反的粒子。1932年，美国物理学家卡尔·安德森在实验中证实了正电子的存在，亦即电子的反粒子。

图14.2 保罗·狄拉克（Paul Dirac，1902—1984），英国理论物理学家，量子力学的创始者之一，因推导出电子的相对论方程式而获得1933年诺贝尔奖。该方程式同时预言了电子的反粒子——正电子的存在。
图片来源：http://www.xtimeline.com/evt/view.aspx?id=334657

　　虽然狄拉克自己没有使用反物质这个术语，但是后来的科学家将反电子、反质子等粒子称呼为反物质（参见图14.3）。如果将反质子、反中子和反电子，像质子、中子、电子那样结合起来，就形成了反原子。完整的反原子元素周期表由查尔斯·珍妮特（Charles Janet）于1929年完成。

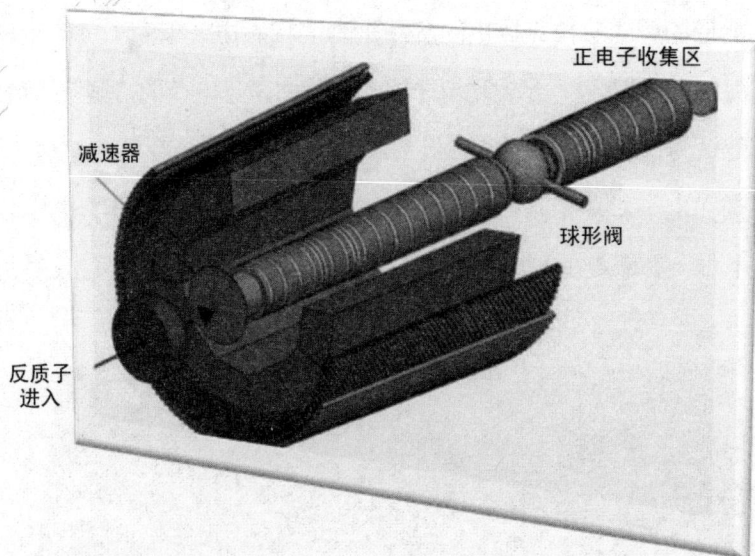

图 14.3 反质子从左端进入，反电子（正电子）从右端进入，在球形阀中结合，形成反氢元素。物质的氢元素是由一个质子、一个电子所组成；反物质的氢元素则是由一个反质子、一个反电子所组成的。

图片来源：http://www.sina.com.cn

目前人为制造反物质的方式，是由加速粒子打击固定靶产生反粒子，再减速合成的。此过程所需要的能量远大于湮灭作用所释放的能量，且生成反物质的速率极低，因此反物质尚不具有经济价值。以目前大型强子对撞机 [1] 的运作情况来看，要 1000 年的时间才能制

[1] 大型强子对撞机（Large Hadron Collider，简称LHC），位于瑞士日内瓦近郊，是一座欧洲核子研究组织 CERN 的对撞型粒子加速器，作为国际高能物理学研究之用。LHC 已经建造完成，2008 年 9 月 10 日开始试运转，并且成功地维持了两质子束在轨道中运行，成为世界上最大的粒子加速器设施。LHC 是一个国际合作计划，由来自全球 85 个国家的 8000 多位物理学家合作兴建。经费来自 CERN 会员国提供的年度预算，以及参与实验的研究机构所拨拨的资金。（中文维基百科）

造出 1 微克反物质。此外，因为反物质与物质相遇会发生湮灭，任何由正物质所组成的容器都无法用来盛反物质，所以反物质在保存上也是一大问题。

不过我们也看到了乐观的一面，在人类建造的加速器里，反物质合成的速度正在加速成长。粒子物理学家估计，到了 21 世纪中期，反氢元素的产量可能会以指数的形式增长；同时，反物质保存的时间也快速地拉长。在 2011 年，欧核中心的物理学家将捕获的反氢原子保持了 1000 秒之久。这个时间看似不长，但对于主持反氢激光物理装置项目的科学家来说，却已是 4 个数量级的成长。他们之前的纪录是捕获了 38 个反氢原子，并保持了 0.172 秒；而更早期的纪录是只有百万分之一秒。成功地将 309 个反氢原子保持到 1000 秒，这一技术为更深入地观测反物质争取到宝贵的时间。

在实验室里，科学家对反物质相对比较了解，可惜在目前的宇宙自然环境中却没有很多反物质。一种在科学界受到普遍认同的理论认为，宇宙大爆炸早期曾产生了相当数量的物质和反物质，随后发生物质和反物质的湮灭，消耗掉了绝大部分的正、反物质，仅遗留下一小部分的正物质。正是如此幸运的"一小部分"，才导致此后的宇宙在演化中逐渐形成了现在我们所看到的恒星、行星，也包括我们自己，以及整个物质世界。

理论上，宇宙大爆炸时所产生的粒子与反粒子应该数量相同，但是为什么现今所遗留下来的绝大多数都是正粒子？此即所谓的"正、反物质对称性破坏"（对称破缺）现象。虽然在几个粒子对撞试验中，发现了正粒子与反粒子的衰变略有不同，及所谓的电荷宇称不守恒（CP破坏），但在数量上仍不足以解释为何现今反物质消失的问题，这在粒子物理学上仍是一大未解决的问题。

尽管人们已经在实验室中制造出了为数众多的反原子，然而，在自然界中却迟迟没有发现反物质。一般的看法是，即使自然界中存在反物质，它也会很快和正物质发生湮灭。但这一看法最近有了改变，国际合作研制的 PAMELA[1] 探测卫星，在地球磁场中发现了反质子。2011 年 12 月，NASA 的费米伽马射线天文望远镜以最新数据证实了宇宙存在着过量的反物质，而这一结果是在 2008 年 PAMELA 卫星捕捉的反物质信号的基础上完成的。

为了寻找更加无可置疑的反物质证据，由丁肇中领导、耗资 22 亿美元研制的阿尔法磁谱仪 AMS-02（参见图 14.4），已于 2011 年 5 月 16 日，经由奋进号航天飞机运送到了国际空间站。这台被称为"科学之未来"的强大仪器，拥有巨型磁铁，可用于解析宇宙射线，兼探测正电子的过量和骤降，同时标示出地球轨道上的反粒子。AMS-02 拥有比费米望远镜更高的能量探测范畴，而最近的观测数据显示木星的磁场中，应该存在着比地球更多的反质子。

阿尔法磁谱仪 AMS-02 升空计划曾一波三折，先后因美国遭受

---

[1] PAMELA（全称 Payload for Anti-Matter Exploration and Light Nuclei Astrophysics）是一个在地球轨道卫星上架设的宇宙射线探测器模块。此探测器于 2006 年 6 月 15 日发射，这是第一个运用卫星做载体的观测宇宙射线的实验。该实验主要观察的对象为宇宙射线中的反物质成分，比如正电子和反质子。同时，也期望能够观测到暗物质在宇宙中湮灭的实质证据。

图 14.4 阿尔法磁谱仪（Alpha Magnetic Spectrometer，简称 AMS）是一个安装于国际太空站上的粒子物理实验设备，由诺贝尔物理学奖得主丁肇中提议并主持的国际合作计划。该计划动员了 600 多人，来自 31 所大学院校，15 个国家，目的在于探测宇宙中的暗物质及反物质。阿尔法磁谱仪将依靠一个巨大的超导磁铁及六个超高精确度的探测器来完成它搜索的使命。（图文：中文维基百科）

"9·11" 恐怖攻击、航天飞机哥伦比亚号 [1] 失事和美国投入战争等因素，删减太空研究预算，造成航天飞机任务暂停而数度延宕。当时，许多参与计划的科学家都非常失望，但丁肇中仍积极投入，最后有惊无险，

---

[1] 哥伦比亚号航天飞机（STS Columbia OV-102）是美国航空航天局（NASA）所属的航天飞机之一，也是第一架正式服役的航天飞机。它在 1981 年 4 月 12 日首次执行代号 STS-1 的任务，正式开启了 NASA 的太空运输系统计划（Space Transportation System program，STS）的序幕。然而很不幸的是，在 2003 年 2 月 1 日的第 28 次任务重返大气层的阶段中，哥伦比亚号与控制中心失去联系，不久后，在得克萨斯州上空爆炸解体，机上 7 名航天员全数罹难。

太空磁谱仪搭上了美国航天飞机计划的最后一班列车，跟随航天飞机"奋进号"[1]的最后一次任务到达国际太空站。

图 14.5 阿尔法磁谱仪 2 在国际太空站中的安装位置。

图片来源：http://www.epochtimes.com/b5/11/4/28/n3241478.htm

阿尔法磁谱仪为一尖端粒子物理学实验，主要的科学目的在

[1] 奋进号航天飞机（STS Endeavour OV-105）是美国国家航太总署（NASA）肯尼迪太空中心（KSC）旗下第五架实际执行太空飞行任务的航天飞机，也是最新的一架，首次飞行是 1992 年 5 月 7 日的 STS-49 号任务。奋进号负责的任务中有不小比例是用来支持国际太空站计划的。2011 年 5 月 16 日，奋进号从佛罗里达州的肯尼迪太空中心发射升空，前往国际太空站。这是它最后一次任务，在此次任务结束后，奋进号除役。除役后的奋进号现放于洛杉矶的加州科学中心永久展示。

于探测宇宙中的射线粒子，寻找反物质（antimatter）及暗物质（dark matter）。目前的物质宇宙是正、反物质发生湮灭后，由剩下的正物质所演化而来。因此要揭开宇宙的形成之谜，了解反物质存在量的多寡就非常重要。当太空中的高能带电粒子进入太空磁谱仪后，因为带电的关系受到磁谱仪内部磁场的影响，产生轨迹的偏转。带正电的粒子轨迹向右偏转，带负电的粒子轨迹向左偏转，因此由粒子偏转的方向即可以判断所捕捉到的粒子是正物质还是反物质。

阿尔法磁谱仪 AMS-02 的原型机 AMS-01 在 1998 年登上"发现号"航天飞机，随着航天飞机环绕地球轨道（离地 380 千米）。AMS-01 首次发现赤道区的正电子数量是电子的四倍，揭露了大气层外的反物质其实比我们想象得还多。2003 年，由于"哥伦比亚号"航天飞机的失事，导致整个阿尔法磁谱仪计划的延迟。2008 年，美国政府签署法案，同意在 2010 年用航天飞机将磁谱仪搭载升空，并装置于太空站上运作。而实际的搭载直到 2011 年才成形，且刚好赶上全部航天飞机计划的最后一趟任务（参见图 14.6）。

目前，磁谱仪 AMS-02 已在太空站上正常运作，它的重量达 7 吨，直径约 3 米，内部有 650 个微处理器，30 万个数据采集信道。磁谱仪采用低温超导磁体，可以建立更强的磁场，以捕捉更高速的反粒子。AMS-02 的磁场强度是 AMS-01 的 16 倍，具有远比 AMS-01 灵敏的侦测能力，被称为"测量带电粒子的哈勃望远镜"[1]。

图 14.6 阿尔法磁谱仪 2（AMS-02）于 2011 年 5 月 16 日搭乘奋进号航天飞机升空，这是全部航天飞机计划的最后一趟任务。

图片来源：http://msnbcmedia.msn.com/j/MSNBC/Components/Photo/_new/pb-110516-end-eavour-6a.photoblog900.jpg

丁肇中主持的 AMS-02 计划，全球有 16 个国家、600 多名科学家参与，而中国台湾团队是核心计划成员之一，尤其是中山科学研究院负责的电子系统获得高度的肯定。除了中山科学研究院外，"中央研究

[1]《太空磁谱仪》，孙维新，台湾大百科全书，2009 年 9 月 24 日。

院"和"中央大学"负责电子系统的监造与物理特性分析，成功大学负责超导磁场量测，"国家太空中心"则负责仪器电子元件热分析测试及支持仪器热控系统设计工作。

中山科学研究院（下文简称"中科院"）于 2001 年正式接手 AMS 计划，当时计划已进入第 2 期。计划第 1 期的电子系统原本由某欧洲国家负责研发，但进度一直落后，丁肇中回台找"中科院"试做。结果"中科院"在 1998 年与欧洲原承做国同时完成了电子系统。

一般认为，欧洲电子技术较先进，"中科院"的成品一开始即被视为备胎。但没有料到欧洲国家所研发的电子系统竟然未通过组合测试，"中科院"的系统却一试成功。从此，"中科院"所承做的 AMS 电子系统受到国际瞩目。"中科院"的 AMS 电子系统被丁肇中形容为"AMS 的头脑"，它是计划的核心部分，其组成包括控制电路、电源、地面传输、数据处理等，负责的工作是将侦测器收集到的数据转成电子信号、过滤噪声，最后再传回地面。只要中间一环出了问题，收集到的所有数据等于白费，可见其重要性。

磁谱仪 AMS-02 于 2011 年 5 月在太空站开始运作后，已收到 180 亿笔宇宙讯号。为求监控更周全，减轻日内瓦中心的负担，丁肇中认为有必要在亚洲设置监控中心。虽有多个国家积极争取，但中国台湾凭借在 AMS 计划中的卓越表现，获得青睐，最后决定将 AMS-02 的第二个监控中心设在中山科学研究院的龙园研究园区，并于 2012 年 7 月 3 日启用（参见图 14.7）。

假飞碟，才是真科学
Fake UFO,Real Science

图 14.7　太空磁谱仪（ＡＭＳ）亚洲监控中心启用典礼于 2012 年 7 月 3 日上午在中国台湾"中科院"龙园研究园区举行。图片来源：2012 年 7 月 4 日《自由时报》

　　太极有阴阳，数有虚实，粒子有正反 [1]，通过对于反粒子、反物质的搜寻，有助于我们还原宇宙的初始面貌，回到物质宇宙形成前的太虚状态。

---

[1] 此句为作者于 2008 年 8 月 14 日在"中科院" AMS 研究中心的演讲主题，参见其博客 www.worldinsand.blogspot.com

15 时空旅行指南：狭义相对论

　　如果利用光学望远镜或电波望远镜发现某颗距离太阳 100 万光年的恒星上有生命存在的迹象，那么，纵使利用可见宇宙中最快的光子火箭去造访那颗恒星上的外星人，或那边的外星人要拜访地球，双方都需要花 100 万年的时间才能到达对方的星球。100 万年已远远超过个体生命存在的极限，悲观的读者是不是会在这里下结论：既然速度的极限是光速，那么，纵使人类文明发展到能制造达到光速的反物质火箭，对于造访遥远的恒星或期待遥远恒星上的外星人来到地球上这些事情，不仍然是不切实际的梦想吗？

　　以上的观点称为绝对时空观，是牛顿力学的看法，认为时间与空间各自独立，井水不犯河水。天上两颗星星的距离如果是 d，火箭的速度是 v，则所需要的旅行时间是 $t=d/v$。距离 d 越长，时间 t 越久。但是当火箭的速度 v 接近光速时，牛顿运动的关系式 $t=d/v$ 就不能适用了。这时候我们就不能单独看待时间与空间，因为它们可以互相转换，混成一体，称为四维时空（4D spacetime，或四度时空）。

　　狭义相对论即是探讨在四维时空之内，时间与空间如何互相转换。

假飞碟，才是真科学
Fake UFO,Real Science

经过时空转换之后，距离100万光年的恒星，用光速旅行还需要100万年吗？当然不需要了。所以在进行星际飞行之前，我们得先翻阅一下时空旅行指南——狭义相对论。

特殊相对论

两个假设构成了特殊相对论，第一个为相对论原理(principle of relativity)：

❶ 物理定律在所有惯性坐标系中都相同。

第二个假设是基于许多实验的结果而来：

❷ 光在自由空间中的速度对于所有惯性坐标系而言皆相同。

如图15.1所示，三个不同运动状态的观察者（A）、（B）、（C）所测量到的光速值都等于$c=3×10^8$m/s

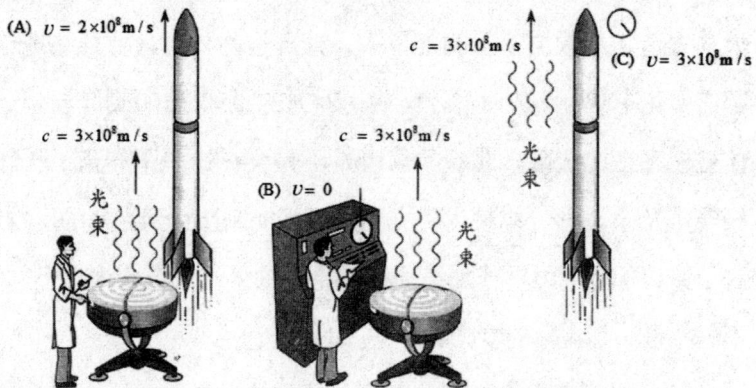

图 15.1　特殊相对论的基本假设：光速不变性。不管观察者的运动状况如何，他所看到的光速都是$3×10^8$米/秒。（A）是从速度为$2×10^8$米/秒的火箭上来看光速；（B）是从静止的实验室看光速；（C）是从以光速飞行的火箭上来看光速。三者所看到的光速都是$3×10^8$米/秒。

图片来源：《Concepts of Modern Physics》，A.Beiser，图 1.1，2005 年

狭义相对论的理论基础源自于两大基本假设：

（1）物理定律在所有匀速运动系统中都一样。

（2）不管由谁来看，也不管光源是否在移动，光速永远不变。

假设（1）比较容易理解，因为匀速运动都是相对的，无法绝对地决定何者静止、何者在动，因此，所看到的物理现象应是相同的。譬如火车离开站台时，站台上的人感觉火车在前进，然而火车上的人感觉是站台在后退。在理想的情况下（假设火车非常平稳，没有任何加速与振动），火车上的观察者会认为他是在完全静止的状态。既然对他而言火车完全静止，那么，他在火车上所做的物理实验结果应和地面上静止实验室所做的实验结果完全一样。这就是狭义相对论的第一个假设：物理定律在所有匀速运动的系统中都一样。对于有加速度的系统而言，狭义相对论即不再适用了，此时广义相对论就派上用场了。

狭义相对论的第二个假设：光速不变性，可能不易从常理来思考，也可以说其根本违反了三维空间的常理。假设有一飞行器沿着光前进的方向，以 $v = 2 \times 10^8$ 米／秒（即 2/3 的光速）的速度飞行，此时坐在航行器内的人感觉到"光"超越他的速度应该只有 1/3 的光速。其道理如同在时速 200 千米的汽车上看时速 300 千米的高速火车运动（假设二者同方向运动），此时火车的时速应该只有 100 千米而已。

然而，狭义相对论认为，传统的汽车与火车的相对速度观念并不适用于光速。相对论的第二个假设是说，不管观察者的速度多快，他所测量到的光速永远是 3×10^8 米／秒，不会因为观察者的速度较快，"光"的速度看起来就较慢。虽然这个假设不合乎直觉，但以此假设为出发点的狭义相对论却能成功地验证星体及快速粒子的运动行为。"光速不变性"，是爱因斯坦根据迈克耳逊－莫雷实验所获得的结论（参见图15.2），并不是出于爱因斯坦自己的想法，爱因斯坦本人也未进一步解

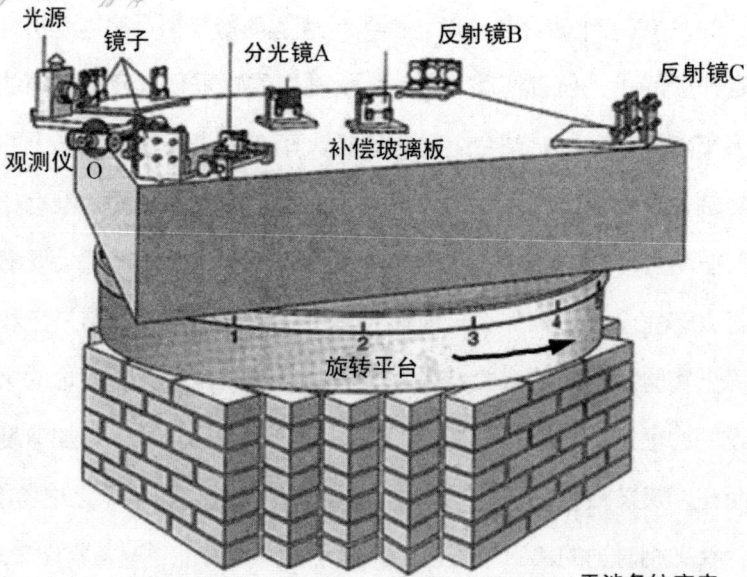

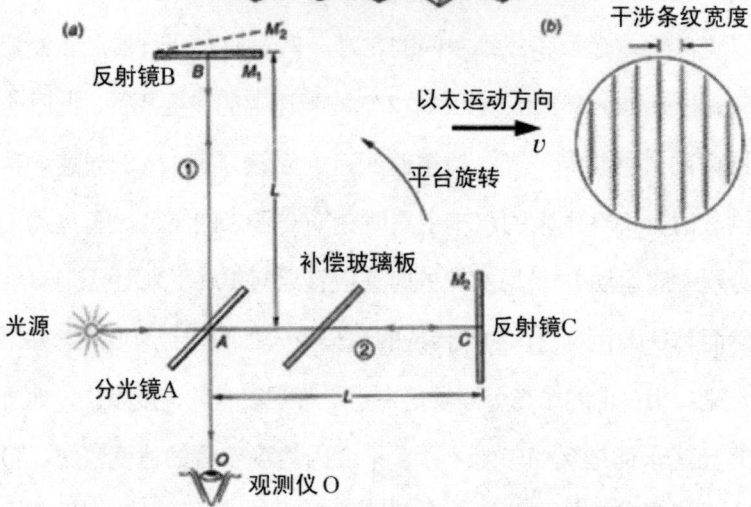

图 15.2 迈克耳逊－莫雷实验架构，整个实验放在一圆形旋转平台之上。假设以太存在且向右运动，则光在垂直于以太方向（*AB*）及平行于以太方向（*AC*）的速度会不同，使得它们到达会合点 *O* 时，会出现光程差，并且在观测仪上产生破坏性干涉。但实验结果却发现没有丝毫破坏性干涉产生，由此证明光速在每一方向均相同。

图片来源：《Modern Physics》，P.A.Tipler，图 1.8，2002 年

释光速为何是不变的。

19 世纪的科学家们认为，光是靠无质量、绝对静止的"以太"这种媒介传播的。由于地球在运动，所以，在地面上做实验，向不同方向发出的光线，相对于以太的传播速度应不同。迈克耳逊和莫雷在 1887 年用精确度很高的干涉仪多次测定，得到不同方向的光的速度却都相同，从而确立了"光速不变性原理"，同时否定了"以太"的存在性。

图 15.2 呈现迈克耳逊－莫雷实验架构，整个实验放在一圆形旋转平台之上。由光源发出的一对光束，其中一道光束沿着一条垂直于以太流（ether current）的路径而被导至镜面 B，另一道光束则沿着平行于以太流的路径，而导至另一个镜面 C。两道光束最后会合于观察仪 O 上，而补偿玻璃板确保两道光束通过相同厚度的空气和玻璃。如果两道光束的传输时间相同，它们将会同时到达观察仪 O，并且产生建设性干涉；然而，由于两道光相对于以太有不同的运动，而以太又是光传播的媒介，这将导致两道光的速度不同，使得它们到达会合点 O 时，会出现光程差，并且在视幕上产生破坏性干涉。

如果将光比喻成船，那么光的传播媒介以太就是河流；光乘"以太"而行，就如同舟行之于水上。在图 15.2 中的两道光，相对于以太有不同的运动方向，就相当于是船的两种路径，相对于河流有不同的运动方向。如图 15.3 所示，船的路径①是垂直于河流的方向，相当于沿着 AB 方向的光路径；船的路径②是平行于河流的方向，相当于沿着 AC 方向的光路径。首先讨论船沿着路径①的运动，假设船的速度 c（即光速），河流的速度为 v（即以太的速度），则船过河的速度分量为

（a）

（b）

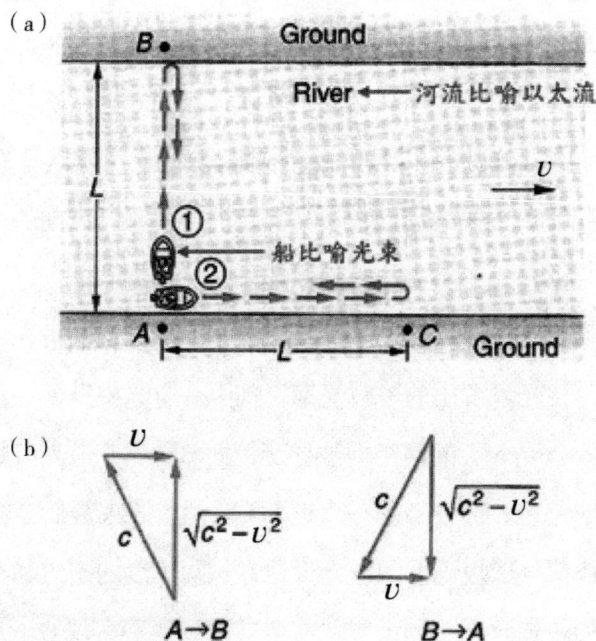

图 15.3 将光比喻成船，那么光的传播媒介以太就是河流；光乘 "以太" 而行，就如同舟行之于水上。船的路径①是垂直于河流的方向，相当于沿着 AB 方向的光路径；船的路径②是平行于河流的方向，相当于沿着 AC 方向的光路径。利用相对速度原理，计算船沿着路径①及路径②所需要的时间。

图片来源：《Modern Physics》，P.A.Tipler，图 1.7，2002 年

$\sqrt{c^2-v^2}$。因此，沿着路径①来回一趟所需要的时间为（假设河宽为 L ）

$$t_1=t_{A\to B}+t_{B\to A}=\frac{L}{\sqrt{c^2-v^2}}+\frac{L}{\sqrt{c^2-v^2}}=\frac{2L}{\sqrt{c^2-v^2}}$$

其次讨论船沿着路径②的运动，船由 A 到 C 是顺流，船速为 $c+v$ ；由 C 到 A 是逆流，船速为 $c-v$ 。因此沿着路径②来回一趟所需要的时间为

$$t_2=t_{A\to C}+t_{C\to A}=\frac{L}{c+v}+\frac{L}{c-v}=\frac{2cL}{c^2-v^2}$$

比较两个路径所需要的时间，发现二者不同；也就是说，从 A 出

发的两道光，不会同时回到 A 点，二者的时间差为

$$\Delta t = t_2 - t_1 = \frac{2cL}{c^2 - v^2} - \frac{2L}{\sqrt{c^2 - v^2}} \neq 0$$

代表光沿着图 15.3 中的 AB 与 AC 两个方向前进时，存在着不为零的光程差 $c\Delta t$，此光程差将导致两道光的破坏性干涉。但令人惊讶的是，实验的结果却没有丝毫的破坏性干涉产生，亦即沿着 AB 与 AC 方向的两道光完全是同步的（速度相同）。而且不管我们将图 15.2 的圆形平台转到哪一个方向，光速还是都相同。

迈克耳逊－莫雷实验得到两个重要的结论：

（1）它显示出以太并不存在，且并没有相对于以太而言的绝对运动。

（2）此结果显示出光速对于所有观察者而言皆相同。

而狭义相对论的假设就是基于迈克耳逊－莫雷实验的结论。

迈克耳逊－莫雷实验虽然证实了"光速不变性"，但此实验无法进一步解释为何光速不变。一个与经验矛盾的事实是，坐在以光速飞行的火箭上来看一道平行光的运动，为何光仍以 3×10^8 米／秒的速度在超越火箭（注意火箭已经和光速一样快）？想一想两辆同方向的火车，如果时速都是 100 千米／小时，则两车上的乘客不是应该观察不到彼此的运动才对吗？

下面我们用一个简单的例子来说明这"光速不变性"背后的道理。考虑一块石头由 101 大楼的楼顶自由落下（高 508 米），它落地时的垂直速度约为 $v = \sqrt{2 \times 9.8 \times 508} = 100 (\text{m/s})$（即秒速 100 米）（参见图 15.4）。石头落地时，刚好有三个观察者经过，一个是行人甲（秒速 1.4 米），一个是骑自行车者乙（秒速 8.4 米），另一个是出租车上的司机丙

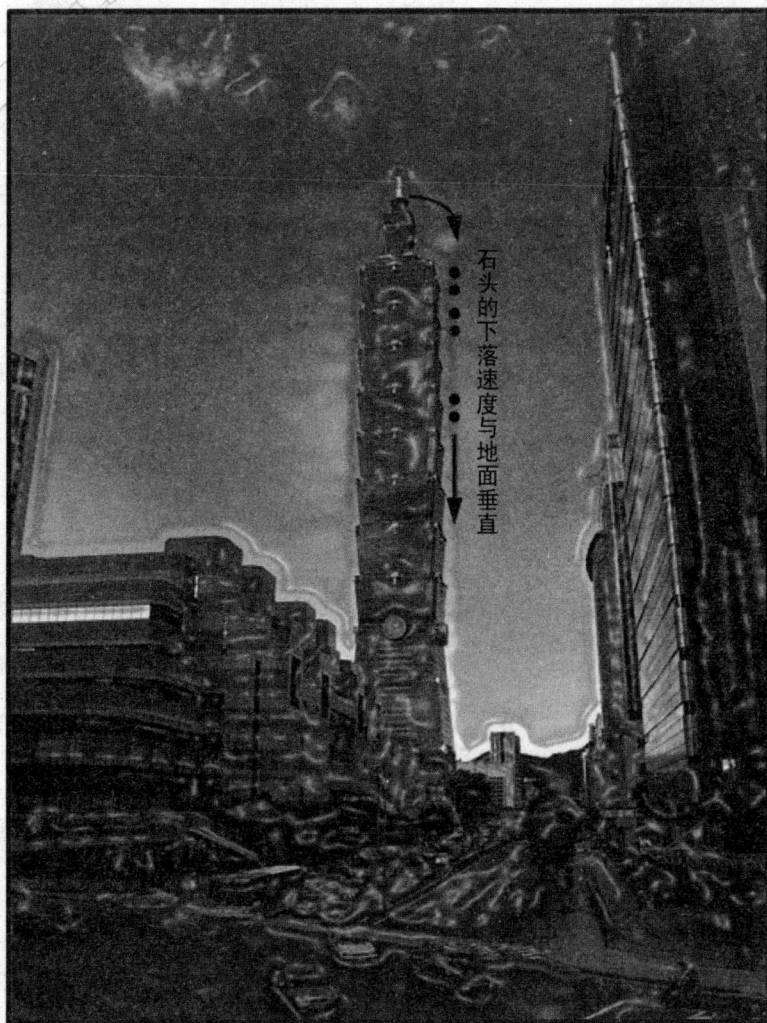

图 15.4 "石头"比拟"光"，路面上的行人与驾驶者比拟三度空间的人们。路面上不同速度的观察者所测量到的石头下落速度都一样，是在比喻三度空间的人们所测量到的光速都一样。如果将地面视为我们所处的三度空间，则大楼矗立的方向就是光前进的方向，亦即光的方向是沿着第四度的轴线。

（秒速 16.8 米）。此三人在路面上运动的速度不一样，但他们所感受到的石头下落的速度是一致的，都是每秒 100 米。这是因为三位观察者的运动是沿着水平方向，而石头下落是沿着铅垂方向，两者互不影响。由于水平运动无法改变竖直方向的速度，所以三个移动速度不一样的观察者所感受到的石头竖直下落的速度都是相同的。

现在考虑第四个观察者丁，他和石头在顶楼上同一时间自由落下。如果不计算空气阻力，他将与石头同时到达地面；而且在落地的过程中，观察者丁与石头的速度完全一样（同步运动），也就是说，他感觉石头是静止的。如果计算空气阻力的话，丁观察者将发现石头不是完全静止，而是有一个微小的向下速度（大约 0.1m/s，相对于丁），这使得石头比丁早一点落地。若石头在顶楼释放的瞬间，有一颗子弹同时向下射出，由于子弹的向下速度比石头快，在子弹上的第五号观察者戊将发现子弹是往上跑，而不是向下落（相对于戊）。

将上面的例子对应到光速不变性，"石头"指的就是"光"，甲、乙、丙三个观察者就是三度空间的人们。这三个观察者所测量到的石头速度都一样，是在比喻三度空间的人们所测量到的光速都一样。甲、乙、丙三个观察者的运动方向和石头的下落方向垂直，就是在比喻三度空间内一切物体的运动方向都和光的方向垂直。换句话说，如果将地面视为我们所处的三度空间，则大楼矗立的方向就是光前进的方向。光前进的方向和我们所处的三度空间垂直，所以我们称光的方向是沿着第四维度的轴线，这就是狭义相对论所定义的时间轴。三度空间加上一度时间，合称四度时空（4D spacetime）。"光速不变性"扩展了人类的视野，告诉人们这个世界不是由单纯的三度空间所组成，它至少还包含有第四个维度。

再回到石头的例子，甲、乙、丙三个观察者是在地面上运动，他们所测量到的石头下落速度都一样；但是对于丁、戊这两位观察者，他们的运动方向和石头平行，他们所看到的石头速度却都不一样，可快可慢，甚至是静止。如果用石头比拟光，那么"光速不变性"对丁、戊这两位观察者是不成立的，他们所测量到的光速可快可慢，不是固定值 3×10^8 米/秒。丁、戊这两位观察者跟三度空间的观察者不一样，因为他们是沿着光的方向运动，也就是他们有能力进入第四个维度而自由运动。目前人类的科技还不具备这种能力，所以"光速不变性"对我们而言，目前仍然是适用的。

时间是第四个维度，但是我们看不到真正的"时间"，我们看到的只是钟表的机械转动或电子跳动，它是用来模拟时间的流逝，也就是说我们所看到的是"时间"的相，并不是"时间"的本体。当我们在空间静止不动时，时间仍然是一分一秒地在移动，所以时间的"动"不是我们所熟知的那种在三度空间的运动；时间的"动"是整个三度空间沿着第四个维度轴的移动，这种移动才产生了"过去""现在"与"未来"的区别。而光速就是整个三度空间沿着第四个维度（第四个垂直轴）的移动速度 [1]。所以，只要光速维持不变，时间的流逝

---

[1] 参考文章《进入空间的隐藏维度——时间》，杨宪东博客《一沙一世界，刹那即永恒》：www.worldinsand.blogspot.com

速度就不会改变。

归纳起来，我们在四度时空内的运动包含两种模式。第一种运动模式就是我们在三度空间上的运动，此部分可用（Δx，Δy，Δz）表示，其分别代表沿着长、宽、高三个方向的移动距离。第二种运动模式是整个三度空间沿着第四个垂直轴的移动，此部分的移动距离可表示成 $c\Delta t$，其中 c 为移动的速度（即光速），而 Δt 代表时间的流逝量。也就是说时间的流逝不是抽象的心理作用，它真的会造成运动效果。不过，这种运动效果只能在四度时空中看到，它是整个三度空间沿着第四个垂直轴的移动现象。将以上两种运动模式叠加起来就形成了爱因斯坦的狭义相对论。

由于以上两种运动同时存在，在四度时空中两点间的时空距离是空间距离 $\sqrt{\Delta x^2+\Delta y^2+\Delta z^2}$ 与时间距离 $c\Delta t$ 的合成。狭义相对论证明合成后的时空长度为

$$时空距离 = \sqrt{\Delta x^2+\Delta y^2+\Delta z^2-c^2\Delta t^2} \qquad （15.1）$$

两点间的时空距离才是真正的本体长度，不管是由哪一个系统的观察者来看，其值都相同。而个别的"空间距离"与"时间距离"，则是"时空距离"在三度空间与时间轴上的投影量，它们就是所谓的"相"，因为投影量的大小会随着观察者观看角度的不同而变化，如图 15.5 所示。

我们习以为常的空间大小观念与时间长短观念，原来都只是假象，它们不是固定的量，不同的观察者会得到不同的测量值。所以"空间的大小"与"时间的长短"是相对性的观念，没有绝对的标准，因此

称这样的理论为相对论。

不同度时空的距离

- 三度空间距离 $= \sqrt{\Delta x^2 + \Delta y^2 + \Delta z^2}$

- 一度空间距离 $= c\Delta t = c|t_2 - t_1|$

两者所量到的，都只是四度时空距离的投影量；犹如瞎子摸象一般，无法见到四度时空的补休面貌。

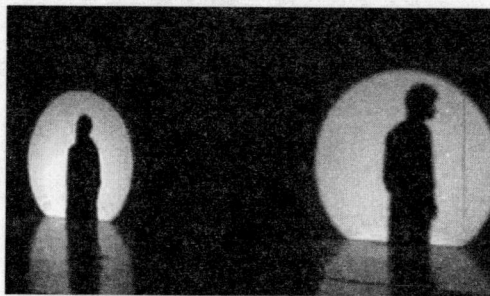

当世人都被时间和空间的相所迷惑时，爱因斯坦却能见相非相，而提出描述四度空间距离的公式：$\sqrt{\Delta x^2 + \Delta y^2 + \Delta z^2 - c^2 \Delta t^2}$

图15.5 "空间距离"与"时间距离"是"时空距离"在三度空间上与时间轴上的投影量，它们会随着观察者观看角度的不同而变化。

16 飞碟的飞行原理1：
时间扩张

我们相信外星飞碟已充分掌握了相对论时空转换的原理，能够快速地穿梭在不同星球之间。所以，要深入了解外星飞碟的飞行或是为了人造飞碟未来的星际之旅，我们都必须对相对论有一些基本的认识。上一单元中，我们介绍了光速不变性，由此性质我们可推导出四维时空的两个奇妙现象：时间扩张及长度缩减，前者是关于时间的相对性，后者是关于空间的相对性。

时间扩张是指宇宙飞船上所感知的时间经过，与地面上观察者所感知的时间经过会不一样。现在假设一个正在移动的宇宙飞船上的人发现，在宇宙飞船上某个事件经历的时间为 t_0，我们称 t_0 为固有时间（proper time），因为观察者与事件都在宇宙飞船上，没有相对位移。当我们在地面上看到此事件时，该事件的开始及结尾却发生在不同的地方（因宇宙飞船在移动），假设地面观察者所测得的时间经历为 t，则时间 t 会比固有时间 t_0 长，此现象称为时间扩张（time dilation）。

为了解时间扩张是如何发生的，让我们想象一个样式特别简单的时钟，如图 16.1 所示，一个光脉冲在距离为 L_0 的两个镜子间来回地反射，当光波行进至下方的镜子时，便产生一个电讯号以便在录音磁带中做记号，每个记号则对应着时钟的每一次滴答声。对于宇宙飞船上的观察者，每个滴答声的时间间隔为固有时间 t_0，对于以光速 c 行进的光脉冲而言，在两个镜子之间传播所需要的时间为 L_0/c，因此光脉冲从 A 出发，碰到 B 后又反射回到 A，这样一个周期的时间为

$$t_0 = \frac{2L_0}{c}$$

（16.1）

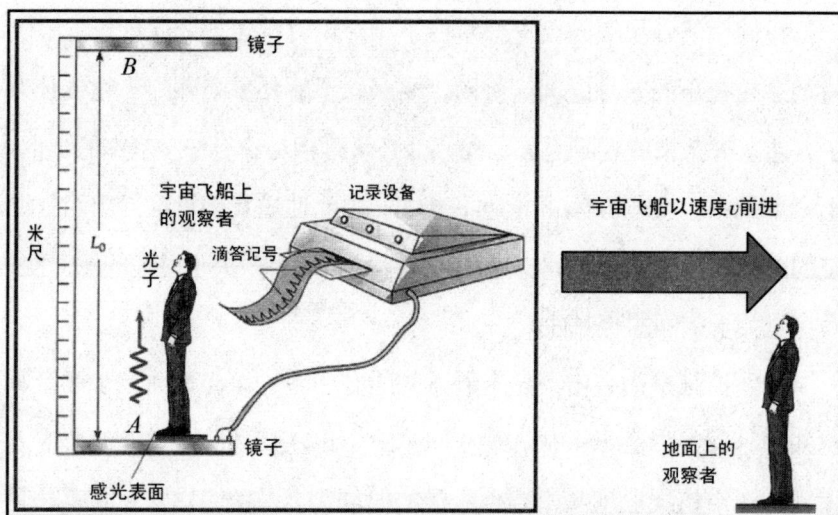

图16.1 对于宇宙飞船上的观察者，光子从 A 出发又反射回到 A 点，事件的开始及结尾都在同一个地方，因此所测量到的时间间隔为固有时间 t_0。对于地面上的观察者，光子从 A 出发，经上方镜子反射后回到下方镜子时，应是在 A 点的右侧，故事件的开始及结尾不在同一个地方，因此所测量到的时间间隔为 t，不同于固有时间 t_0。
图片来源：《Concepts of Modern Physics》，A.Beiser 著，图 1.3，2003

图 16.2 显示了地面观察者所看到的光子时钟及光子的运动路径。移动中的时钟滴答的时间间隔设为 t，因为时钟在移动，故从地面上所

看到的是光子沿着锯齿状路径行进。光子从下面的镜子行进至上面的镜子需时 $t/2$，此时光子也行进了一段水平距离 $v(t/2)$，而行进的总长度为 $AB=c(t/2)$。

注意，根据光速不变性，对于宇宙飞船上或地面上的观察者，光速 c 都相同。

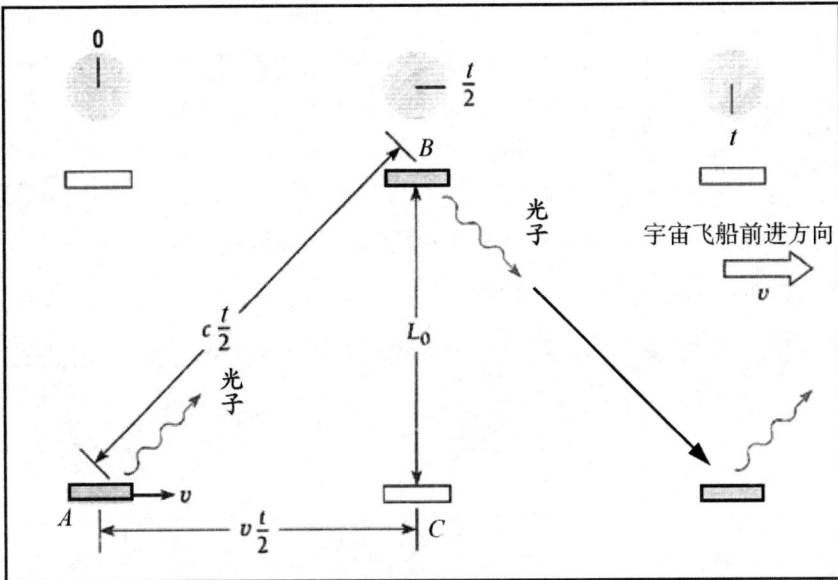

图 16.2　地面观察者所看到的光子时钟及光子的运动路径，光子是沿着锯齿状路径行进的。光子从下面的镜子行进至上面的镜子需时 $t/2$，此时光子也行进了一段水平距离 $AC=v(t/2)$，而行进的总长度为 $AB=c(t/2)$。

图片来源：《Concepts of Modern Physics》，A.Beiser 著，图 1.5，2003

如果依据牛顿力学的结果，光子相对于宇宙飞船的速度是光速 c，且垂直向上，而宇宙飞船相对于地面的速度是 v，水平向右，所以，光子相对于地面的速度应该是前面两项速度的向量和，即 $\overline{c}=\sqrt{c^2+v^2}$，以此推论，图 16.2 中的 AB 长度应为 $\overline{c}$（$t/2$）。但此推论是错误的，依据光速不变性，光子相对于地面的速度仍是 c，而不是 $\overline{c}$。

假设 L_0 为两面镜子的垂直距离，则图 16.2 中的直角三角形 ABC 满足勾股定理

$$AB^2 = AC^2 + BC^2$$

代入 $AB = c$（$t/2$），$AC = v$（$t/2$），$BC = L_0$，则上式变成

$$\left(\frac{ct}{2}\right)^2 = \left(\frac{vt}{2}\right)^2 + L_0^2$$

求解时间 t，可得

$$t = \frac{2L_0/c}{\sqrt{1-v^2/c^2}} = \frac{t_0}{\sqrt{1-v^2/c^2}} \tag{16.2}$$

其中固有时间 $t_0 = L_0/c$ 是由（16.1）式得到。上式就是有名的时间扩张公式，其中各参数的意义归纳如下：

· t_0＝ 相对于观察者而言，静止的时钟滴答的时间间隔（固有时间）；

· t＝ 相对于观察者而言，移动的时钟滴答的时间间隔；

· v ＝ 相对运动的速度；

· c＝ 光速。

也就是说，时钟相对于观察者静止时，观察者所测量到的时间即为固有时间 t_0；时钟相对于观察者有相对运动时，观察者所测量到的时间即为区域时间 t（local time）。因为宇宙飞船移动的速度小于光速（$v < c$），$\sqrt{1-v^2/c^2}$ 总是比 1 小，故依据（16.2）式，t 总是比 t_0 大。亦即相对于时钟静止的观察者来说，其感受到的时间 t_0 最短；而相对于时钟移动的观察者来说，其感受到的时间 t 较长，而且观察者移动的速度越快，所观察到的时间将越长，此即所谓的时间膨胀效应。

根据以上所得到的 t_0 与 t 的关系式，我们将进一步说明为何时间是相对性的概念。假设桌上有一个沙漏，相对于沙漏静止的观察者，测量到沙子全部漏完所需的时间是 t_0=30 分钟（参见图 16.3）。

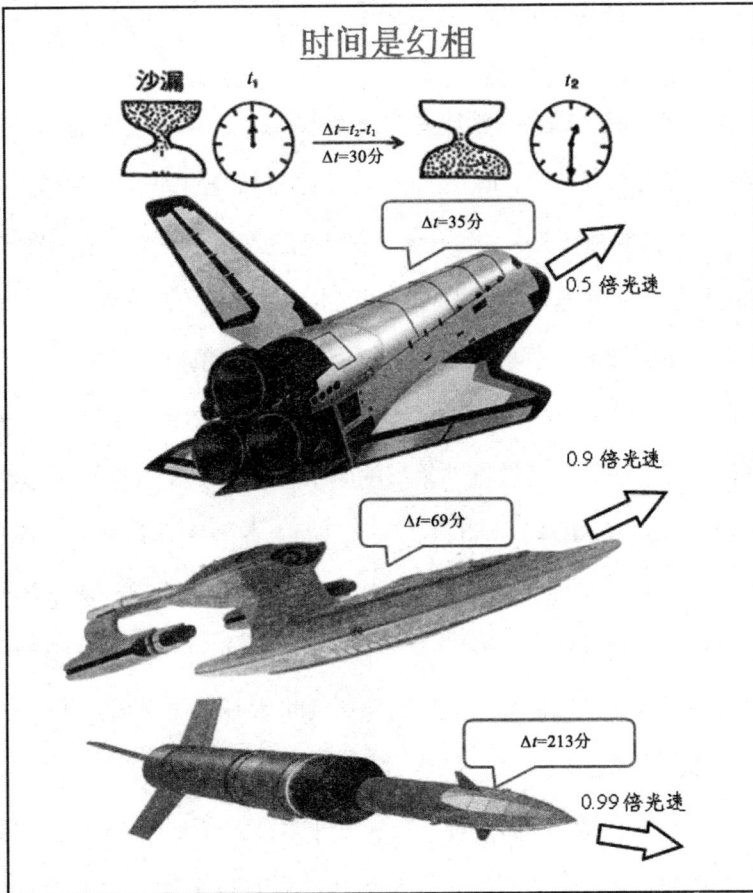

图 16.3 时间是相对性的观念，会随着观察者运动速度的不同，而得到不同的测量结果。

·从一艘航天飞机上来观察沙漏（假设航天飞机的速度是 0.5 倍光

速），则漏完的时间变成 $t=\dfrac{30}{\sqrt{1-0.5^2}}=35$（分钟）。

·从一架以 0.9 倍光速前进的企业号星舰上观察，沙漏的时间则为

$t=\dfrac{30}{\sqrt{1-0.9^2}}=69$（分钟）。

·从 0.99 倍光速前进的反物质火箭上来看，沙漏全部漏完的时间

为 $t=\dfrac{30}{\sqrt{1-0.99^2}}=213$（分钟）。

相同的沙漏，却会因观察者的速度不同，而导致不同的时间量测。一定有读者会感到纳闷，既然如此，为何我们日常生活中不会感觉到这种时间差异性的存在呢？关键在于平时我们的速度不管坐车还是坐飞机，其速度均远小于光速，所产生的时间差很小，我们不易察觉；但如果用高精密的仪器来量测时间，这种时间上的差异性，的确是可被证实的。

1975 年，美国海军就做过实验证实时间延缓效应的存在性。他们在飞机上装了一系列灵敏度非常高的原子钟（原子振荡器），在契沙比克湾（Chesapeake Bay）附近进行五次飞行。每一次飞行结束，均对比飞机上的原子钟和地面上原子钟的时间差异，结果发现地面上的钟平均比飞机上的钟快上三十亿分之一秒。这是首次证实时间延缓效应的存在。这一时间延缓量非常小，是因为飞机本身的速度和光速比起来，几乎为零。

但对于光子或反物质火箭，其速度非常接近光速 c，此时时间膨胀效应将非常显著。如光子火箭达到光速的 0.9999 倍时，则火箭外的观察者经历了 22 天，火箭内的时钟才经历了 1 天。俗话说："天上一日，人间百年。"如果天上、人间存在着相对运动的话，则这样的说法倒也不违背相对论的时空效应。

时间与空间都是相对性的观念，会随着观察者运动速度的不同而得到不同的测量结果。那么在相对论的架构下有绝对不变的东西吗？有的，光速就是绝对不变的量。另一个绝对不变的量，就是在上一单元中提到的时空距离（参考方程式 15.1）。不管观察者怎么运动，他们所测量到的时空距离都一样。先前我们已经利用光速不变性推导出时间膨胀效应，下面我们将看到利用时空距离这一不变量，也可以得到相同的结果。

仍然考虑先前的光子时钟实验，只是我们把宇宙飞船换成了火车，如图 16.4 所示。有一束光从火车地板上的发射器射出，碰到天花板上的反射镜后，又反射回地板上的发射器，此光束发射器可视为一标准时钟。

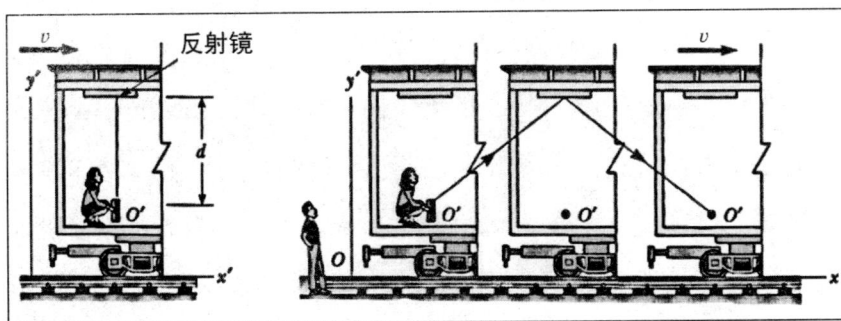

图 16.4 对于同一事件，火车上的人测量到的时间长短与地面上的人测量到的不同。

图片来源：R.A.Serway，Modern Physics，Saunders Brace College Publishing，1997

这整个过程在火车上的观察者 O' 看来，其经历的时间是 Δt_0 秒，而光束在火车前进方向移动的距离为 Δx_0；在车外地面上的观察者 O 看来，其经历的时间是 Δt 秒，而光束在火车前进方向移动的距离为 Δx。因两人看到的是同一事件，根据狭义相对论，两者所得到的四度时空距离应一样（其中 $\Delta y=\Delta z=0$）（参考 15.1 式）：

$$(\Delta x_0)^2 - c^2(\Delta t_0)^2 = (\Delta x)^2 - c^2(\Delta t)^2 \qquad （16.3）$$

从火车上的观察者 O' 来看，光束并未在水平方向移动，故 $\Delta x_0 = 0$；而从车外地面上的观察者 O 看来，光束在水平方向的移动距离为 $\Delta x = v\Delta t$。将 Δx、Δx_0 代入前式，可得到 Δt_0 与 Δt 的关系为

$$\Delta t = \frac{\Delta t_0}{\sqrt{1 - v^2/c^2}} \qquad （16.4）$$

其中 Δt_0 是火车上的观察者 O' 所测量到的时间，又因为 O' 相对于光子时钟是静止的，所以，Δt_0 就是前面所称的固有时间。上式和（16.2）式完全一样，但前者是利用时空距离的不变性推导出来的，而后者是利用光速的不变性推导而来的。

在第 11 单元中，我们曾提到距离太阳系最近的恒星是半人马星座的阿尔法星 C（比邻星），距离我们 4.22 光年。如果光子火箭的速度是 0.999 倍光速，则火箭到比邻星所需要的时间为 $4.22/0.999 \approx$ 4.224 年。但我们须注意这 4.224 年的时间乃地球人对光子火箭所做的观测值，也就是（16.4）式中的 Δt 的值。对于光子火箭上的航天员而言，他们所感受到的时间变化 Δt_0 将远小于 4.224 年，将 $v=0.999c$，$\Delta t=4.224$ 年，代入（16.4）式中，可得 $\Delta t_0=0.19$ 年，也就是航天员所感受到的时间变化只有约 70 天。

因此，原先以为以人类百年之身，使用 0.999 倍光速的宇宙飞船做星际旅行，顶多也只能经历 100 光年的空间距离，但若将时间膨胀效应考虑在内，人类则至少可以经历 2700 光年的距离；若光子火箭速度更加逼近光速时，则人类可以经历的星际距离将更长。

17 飞碟的飞行原理2：
长度缩减

　　飞碟为什么能以很短的时间飞越很长的星际距离？这是因为从高速飞行的飞碟上来看，星际间的距离都变短了。

　　前一单元我们介绍了时间的相对性，知道时间的快慢其实和观察者的运动状态有关。同样的道理，空间也是相对性的观念，不同的观察者所测量到的空间距离也可能都不一样。一个有趣的现象是，观察者的速度越快，其所测量到的长度会越短，此即所谓的长度缩减效应，而且它和先前的时间膨胀效应有着密切的关系，它们可视为一体的两面。也就是说，对于同一事件，一个观察者看到的是长度缩减效应，而另一观察者看到的是时间膨胀效应。

　　假设现在我们要测量甲、乙两颗恒星间的距离（参见图17.1），对于地面上固定的观察者而言，设其距离的测量值为 L_0，称为固有长度（proper length），因为观察者与恒星处于相对静止的状态。今有一艘宇宙飞船以速度 v 从甲星飞往乙星，航天员如何测量两星间的距离呢？他可以根据其船上的时钟，先测量宇宙飞船从甲星飞往乙星所需要的时间 Δt_0，然后得到甲、乙两颗恒星间的距离为 $L = v\Delta t_0$；另一方面，地面上的观察者根据其所量到的两星间的距离 L_0，推出宇宙飞船从甲星飞到乙星所需要的时间为 $\Delta t = L_0/v$。

图 17.1 甲、乙两颗恒星之间的距离，由地球上的观察者测量到的长度称为固有长度，也就是原本的长度，而由宇宙飞船上的观察者测量到的则是缩减后的长度。

我们总共得到了两个时间（Δt_0，Δt），两个距离（L_0，L），它们各自的物理意义整理如下：

·Δt_0：这是宇宙飞船上的时钟所测量到的从甲星飞到乙星所需要的时间，因为这个时钟相对于宇宙飞船静止，所以其所测量到的时间称为固有时间（proper time）。

·Δt：这是地球上的时钟所测量到的宇宙飞船从甲星飞到乙星所需要的时间，因为这个时钟与宇宙飞船之间有相对运动，所以其所测量到的时间称为区域时间（local time）。

·L_0：这是地球上的尺所测量到的甲星与乙星之间的距离，因为这根尺与两颗恒星之间没有相对运动，所以其所测量到的距离长度称为固有长度（proper length）。L_0 与 Δt 都是地球上的测量值，它们的关系为 $L_0 = v\Delta t$。

·L：这是宇宙飞船上的尺所测量到的甲星与乙星之间的距离，因为这根尺与两颗恒星之间有相对运动，所以，其所测量到的距离长度称为区域长度（local length）。L 与 Δt_0 都是宇宙飞船上的测量值，它们的关系为 $L = v\Delta t_0$。

在前一单元中，我们已经知道 Δt_0 与 Δt 的关系式为

$$\Delta t = \frac{\Delta t_0}{\sqrt{1 - v^2/c^2}} \tag{17.1}$$

现在将关系式 $L_0 = v\Delta t$ 及 $L = v\Delta t_0$ 代入上式中，可得到 L_0 与 L 的关系为

$$L = L_0\sqrt{1 - v^2/c^2} \tag{17.2}$$

由于 $1 - v^2/c^2 < 1$，所以 $L < L_0$。也就是说，相对于恒星静止者（即地球上的观察者）所测量到的距离 L_0 较长，而运动的观察者（即航天员）所测量到的距离 L 则较短，而且观察者的速度越快，所测量到的距离越短，此即所谓的长度缩减效应。

根据以上所得到的 L_0 与 L 的关系式，我们举一个例子说明观察者的运动状态对于距离测量的影响。假设桌上有一根针，相对于针静止的观察者测量到针的长度为 $L_0 = 5$ 厘米。现在，另外有三位相对于尺运动的观察者，他们所测量到的距离分别为（参见图 17.2）：

·甲坐在 1 号宇宙飞船上，假设速度是 0.5 倍光速，其所测量到的针的长度为 $L = 5\sqrt{1 - 0.5^2} = 4.33$（厘米）。

·乙坐在 2 号宇宙飞船上，假设速度是 0.9 倍光速，其所测量到的针的长度为 $L=5\sqrt{1-0.9^2}=2.18$（厘米）。

距离是幻相

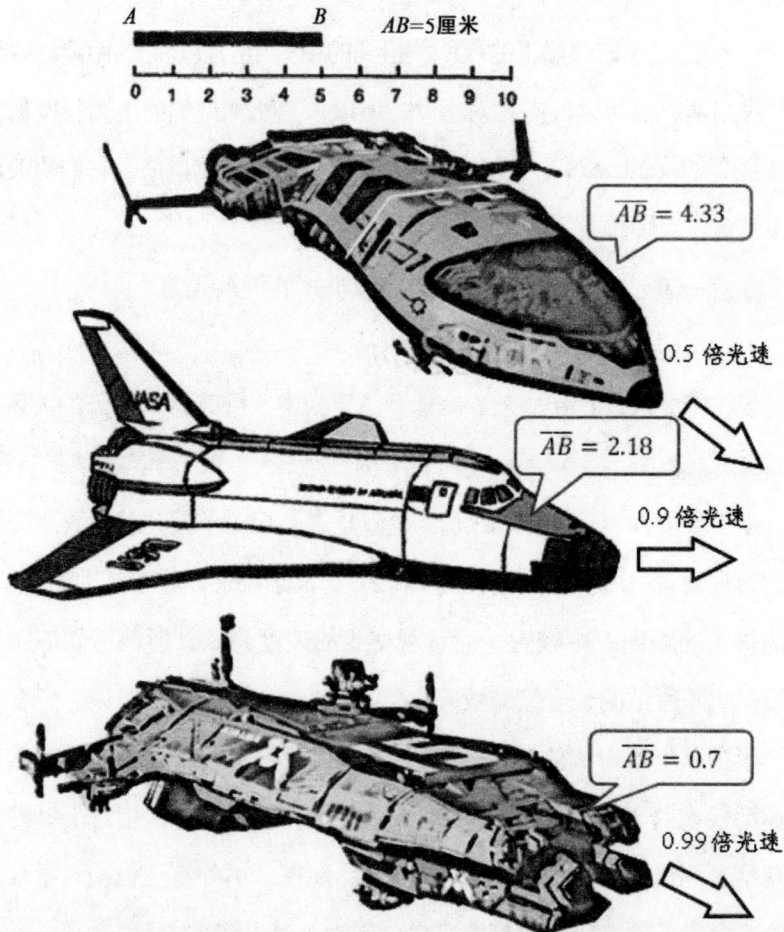

A B $AB=5$厘米

$\overline{AB}=4.33$

0.5 倍光速

$\overline{AB}=2.18$

0.9 倍光速

$\overline{AB}=0.7$

0.99 倍光速

图 17.2 距离不是绝对量，对于相同的物体，由于观察者速度的不同，所测量到的物体长度也就不一样。

·丙坐在 3 号宇宙飞船上，假设速度是 0.99 倍光速，其所测量到的针的长度为 $L=5\sqrt{1-0.99^2}=0.7$（厘米）。

三个人用相同的尺，去测量同一根针的长度，结果却发现，三个人所测量到的长度均不同，速度越快的观察者所测量到的长度就越短。

基于上面的讨论，我们有下列看法：

·每一个系统的时间都是独立的，而且所用于测量时间与长度的工具均完全相同。由狭义相对论的第一假设得到，在相对运动的惯性坐标系中，所有物理定律均相同。因此，原子的振荡周期在不同的惯性坐标系中均相同，亦即每一个坐标系统的基本最小时间单位均相同。

·相对运动的快慢会影响对相同事件的描述，观察者在空间的运动会造成时间与长度的变化，不同运动速度的观察者所测量到的时间与距离均不同。

长度缩减效应纯粹是时空转换所造成的，此与测量的工具、精度无关。时间距离与空间距离都是四维时空距离的投影量（参见图 15.5），它们会随着观察者的运动状态而互相转换，没有固定的大小。

根据长度缩减效应，当观察者与被测量对象之间的相对速度越来越快时，观察者所测量到的长度将越来越短。有了这样的认识后，我们再回来看飞碟的运动。想象有一架飞碟向目击者的正面飞来，而且速度越来越快，那么目击者所看到的飞碟长度会有怎样的变化呢（参见图 17.3）？利用（17.2）式的长度缩减公式，幽浮从起飞到消逝的全程，应可描述如下：

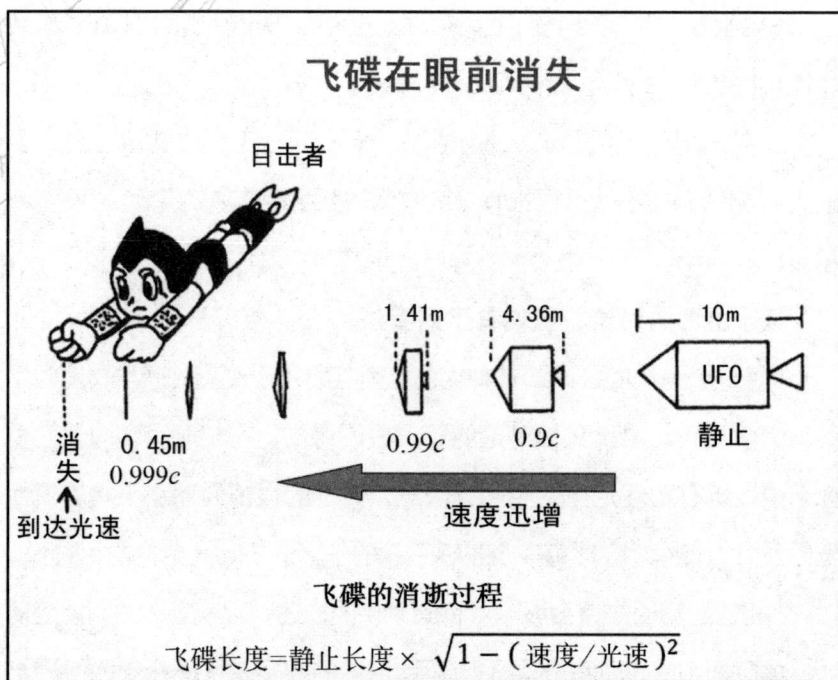

图 17.3　随着目击者与飞碟间的相对速度越来越快，目击者所测量到的飞碟长度也越来越短。

· 假设目击者所看到的静止飞碟全长 L_0=10 米。

· 当飞碟加速到 0.1 倍光速时，目击者所看到的飞碟长为 9.95 米。

· 当飞碟加速到 0.9 倍光速时，目击者所看到的飞碟长为 4.36 米。

· 当飞碟加速到 0.99 倍光速时，目击者所看到的飞碟长为 1.41 米。

· 当飞碟加速到 0.999 倍光速时，目击者所看到的飞碟长为 0.45 米。

　　飞碟长度的变化如图 17.3 所示。这里须注意的是飞碟是在观察者的眼前消失，这和我们看到天上的飞机越飞越远，然后消失的现象是完全不一样的。飞碟的消失，是因其长度缩为零；飞机的消失，是因距离太远而变小。

在（17.1）式及（17.2）式中，有下标 0 的量称为固有量，也就是没有受到时空效应影响的本来量。在宇宙飞船上，航天员可量到从甲星飞往乙星所需要的固有时间 Δt_0，因为时钟相对于航天员是静止的。但是在宇宙飞船上无法量到甲星与乙星间的固有距离 L_0，因为宇宙飞船上的量度尺，相对于甲星或乙星而言，是在移动的，所以航天员所测量到的只是区域距离 L，而非固有距离 L_0。

反之，在地球上的观察者可测量到甲星与乙星间的固有距离 L_0，因为地球上的量度尺相对于两星球而言，是静止的；但是，地球上的观察者却无法测量到宇宙飞船从甲星飞到乙星所需要的固有时间 Δt_0，这是因为相对于宇宙飞船而言，地球上的时钟是在移动的。

综合以上的分析，我们可得到两点结论：

·就航天员而言，他测量到固有时间 Δt_0，但所测量到的距离是缩减过后的距离 $L = L_0 \sqrt{1 - v^2/c^2}$。

·就地球人而言，他测量到固有长度 L_0，但所测量到的时间是膨胀过后的时间 $\Delta t = \Delta t_0 / \sqrt{1 - v^2/c^2}$。

因此，对于宇宙飞船从甲星飞往乙星这个事件而言，航天员看到的是长度缩减效应，而地球人看到的是时间膨胀效应，两个效应所指的是同一事件。但要注意的是，同一观察者不可能同时看到长度缩减效应与时间膨胀效应。

结合上一单元的时间膨胀效应与这一单元的长度缩减效应，我们已经可以对比邻星之旅做一个完整的分析。比邻星是离太阳系最近的恒星，距离我们4.22光年。如果光子火箭的速度是0.999倍光速，则火箭到比邻星所需要的时间为 Δt=4.22/0.999 ≈ 4.224（年）。但我们须注意，这4.224年的时间乃地球人对光子火箭所做的观测值，也就是（17.1）式中的 Δt 的值。将 v=0.999c，Δt=4.224年代入（17.1）式中，我们得到光子火箭上的航天员所感受到的时间历程为 Δt_0 ≈ 0.19年（约70天）。

地球人所测量到的 Δt=4.224年是时间膨胀效应的结果，不是光子火箭飞到比邻星所需要的真正时间；航天员所量到的固有时间 Δt_0=0.19年才是正确的时间。但是问题来了，如果航天员真的感觉只要花0.19年即可到达比邻星，将产生自我矛盾；因为以火箭的速度（0.999倍光速）来飞行，0.19年的时间顶多只能旅行 0.19×0.999 ≈ 0.1898（光年）的距离，如何到得了4.22光年远的比邻星？

可见，若只考虑时间膨胀效应，无法合理解释逼近光速时的时空旅行现象。那么问题出在哪里呢？其实我们忽略了航天员所感受到的长度缩减效应。地球人测量到比邻星与我们的距离是 L_0=4.22光年，但火箭上的航天员可不这么认为，根据（17.2）式，他所量到的距离为

$$L=4.22\times\sqrt{1-0.999^2}\approx0.1887（光年）$$

这样的距离以0.999倍光速去飞行，所需要的时间为 Δt=0.1887/0.999 ≈ 0.19（年），这与用时间膨胀效应所推出的结果相同，并没有任何矛盾之处。因此，航天员确实可以用较短的时间完成星际之旅，而其原因不是宇宙飞船上的时间变慢，而是由宇宙飞船看来，目标恒星变近了。

我们再回顾一下方程式（17.2），当宇宙飞船的速度 v 趋近于光速

c 时，不管目标恒星与宇宙飞船原先的距离 L_0 为何值，由高速飞行的宇宙飞船看来，它们的距离都趋近于零，即

$$L=L_0\sqrt{1-v^2/c^2}\to 0，\ 当\ v\to c\ 时$$

当所有恒星的距离看起来都趋近于零时，我们从驾驶舱往外看，将看到怎样的奇景呢？图 17.4 画出了大概的情形，我们将看到一个由光线形成的圆锥，锥尖指向我们的眼睛。也就是说，原本分散在四面八方的恒星，现在沿着光锥全部被拉到我们的眼前；而且随着宇宙飞船的速度愈加趋近于光速，光锥将被拉得越来越细长，这造成我们的视野越来越小，最后视野被压缩到一个点上，舱外所有的恒星将全部汇集到眼前的一个点上，所有的距离全部化为零。

图 17.4 当宇宙飞船的速度趋近于光速时，我们将看到一个由光线形成的圆锥，锥尖指向我们的眼睛，原本分散在四面八方的恒星，现在沿着光锥全部被拉到我们的眼前。
图片来源：http://www.movies.com/movie-news/scientists-show-us-what-traveling-at-warp-speed-would-really-look-like/11156

　　谈到狭义相对论的时空效应，不能不提孪生子的时空旅行问题。有了先前的准备，我们再来看孪生子问题就不再那么疑惑了。

　　迪克与珍妮是一对孪生子，当迪克 20 岁时，他以 $0.8c$ 的速度太空航行到一个 20 光年远的星球，并以同样的速度返回地球。我们要问：当迪克回到地球时，他与待在地球上的珍妮比起来，两人相差了几岁？从珍妮的角度，迪克以 0.8 倍光速往返 20 光年远的星球，所需要的时间为 $\Delta t = 2 \times 20/0.8 = 50$（年）。珍妮所感受的时间是时间膨胀效应的结果，迪克在宇宙飞船上所经历的时间只有 $\Delta t_0 = 50\sqrt{1-0.8^2} = 30$（年）。所以，当迪克回到地球时，他应当只有 20+30=50（岁），而珍妮已经 20+50=70（岁）了。所以，二人相差了 20 岁（参见图 17.5）。

图 17.5 孪生子的时空旅行问题。2100 年时，迪克与珍妮都是 20 岁，迪克搭乘 0.8 倍光速的宇宙飞船往返一个 20 光年远的星球，而珍妮则一直待在地球上。迪克在宇宙飞船上过了 30 年，回来后，却发现地球已经过了 50 年，珍妮比他老了 20 岁。

图片来源：《Concepts of Modern Physics》，A.Beiser 著，图 1.11，2003

以上的推论是基于以下的事实：珍妮测量到的是膨胀时间 Δt，而迪克测量到的是固有时间 Δt_0。有人提出相反的看法：如果从迪克的角度来看，应该是地球以 0.8 倍的光速在运动，所以，地球上的珍妮测量到的才是固有时间 Δt_0=30 年，迪克测量到的反而是膨胀时间 Δt=50 年。如此得到的结论刚好与前面的结论相反。哪一种说法才对呢？这就是狭义相对论中所谓的孪生子难题（Twin Paradox）。

问题出在固有时间 Δt_0 的定义上。让我们回忆一下固有时间的定义：和光子时钟没有相对位移的观察者，即宇宙飞船内的观察者测量到的是固有时间 Δt_0；而和光子时钟有相对位移的观察者，即地球上的观察者测量到的是膨胀时间 Δt，所以判断固有时间的关键在于决定哪一位观察者和时钟没有相对位移。但是问题还是没有完全解决，因为宇宙飞船与地球都可以放时钟，双方的观察者都可以说他们相对于自己系统的时钟是静止的。所以，问题最后变成要决定哪一方的时钟才是参考时钟？一旦参考时钟决定了，相对于参考时钟静止的观察者，其所测量到的时间即为固有时间。

孪生子问题主要在于决定迪克到达远方星球的时间。迪克到达星球的瞬间，只有迪克本人知道，所以他只要在出发瞬间按一下秒表，到达瞬间按一下秒表，就知道他到达星球所花费的时间。反之，迪克到达星球的瞬间，珍妮并不知道，纵使迪克在到达星球的瞬间，发出一个电子信号告诉珍妮，珍妮也要等 20 年之后才能收到（注意星球距离地球 20 光年，电磁波以光速传递，需要 20 年才能到达地球）。宇宙飞船上的时钟能够正确记录出发与到达的瞬间，所以，宇宙飞船上的时钟才是这个问题的参考时钟。迪克相对于参考时钟是静止的，所以迪克所测量到的时间是固有时间；珍妮相对于参考时钟是运动的状态，所以，珍妮测量到的时间是膨胀时间。

相对于珍妮所测量到的膨胀时间50年，迪克在宇宙飞船上所经历的时间只有30年，但这并不意味着宇宙飞船上的时钟走得比较慢。迪克确实只花了30年的时间就到达远方星球，因为从他的角度看，远方星球与他的距离变短了：

$$L=L_0\sqrt{1-v^2/c^2}=20\text{光年}\times\sqrt{1-0.8^2}=12(\text{光年})$$

而不是珍妮所认为的20光年。对于迪克而言，时间以正常的速率前进（并没有变慢），但是他的去程只花了L/v=12/0.8=15（年），而回程也花了15年，总共是30年。所以，珍妮经历了时间膨胀效应，而迪克经历了长度缩减效应，二者都获得一致性的结论：地球上的珍妮过了50年，而宇宙飞船上的迪克过了30年。

为了验证以上的时间推论，我们接下来进行一个简单的实验。迪克和珍妮在分离之后，为了要知道对方已经过了多少年，每年都互相发送一个无线电信号给对方。所以，迪克如果收到了50个信号，就知道珍妮那边已经过了50年（注意：珍妮固定每一年发送一个信号出去）；反之，如果珍妮收到了30个信号，就知道迪克在宇宙飞船上过了30年。因此，根据各自所收到的信号数，就能知道对方已经过了多少年。那么，到底他们各自收到了多少个信号呢？下面我们来算一下。

迪克和珍妮发信号的频率是每一年一发，如果双方没有相对运动的话，他们也将每年收到一个信号。但是迪克和珍妮实际上有着高速的相对运动，他们收信号的频率将不再是每一年一个，这是受到多普勒效应的影响。我们所熟知的声音多普勒效应是指：当火车进站时，音源接近，频率会增加；反之，火车离站时，音源远离，频率会降低。电磁波信号也一样会有多普勒效应。在离开的旅程中（去程），迪克和珍妮以 $0.8c$ 的速度分开，依据多普勒公式的推论，他们收信号的周期为：

$$T_1=T_0\sqrt{\frac{1+v/c}{1-v/c}}=1\times\sqrt{\frac{1+0.8}{1-0.8}}=3（年）$$

在他们远离的过程中，收信的频率会降低，原本是每年收一个信号，现在变成每三年收一个；在回程时，迪克和珍妮会以相同的速率接近对方，故收信的频率会增加：

$$T_2=T_0\sqrt{\frac{1-v/c}{1+v/c}}=1\times\sqrt{\frac{1-0.8}{1+0.8}}=\frac{1}{3}（年）$$

也就是每 1/3 年就会收到对方的一个信号。

我们先来分析迪克收信号的情形，迪克收到几个信号，就可以知道珍妮在地球上过了几年。对迪克来说，在去程的 15 年中，每三年收到一个信号，故他从珍妮那儿收到 15/3 =5（个）信号；在回程的 15 年中，每 1/3 年收到一个信号,故迪克收到 15/（1/3）=45（个）珍妮发出的信号。总计，去程与回程共收到 5+45=50（个）信号，因此，迪克推论珍妮在地球上已过了 50 年，所以，迪克和珍妮自己都认为，在这段太空旅行结束时，珍妮已经 70 岁了。

其次分析珍妮收信号的情形。对地球上的珍妮而言，迪克需要 L_0/v=20/0.8=25（年）的时间才能抵达该星球。在第 25 年刚好抵达时，迪克发出一个信号通知珍妮，此信号以光速前进，要花 20 年才能到达地球（也就是迪克出发后的第 45 年）。因此对珍妮而言，在迪克出发后的 45 年之内所收到的信号，都是迪克在去程时所发的信号。根据前面的计算，去程时珍妮每三年接收到一个迪克所发出的信号，故在迪克抵达该星球时，珍妮总共收到 45/3=15（个）信号。

对于珍妮而言，迪克在第 50 年时回到地球，所以，在第 45 年到第 50 年之间，珍妮所收到的信号都是迪克在回程时所发的信号。根据前面的计算，回程时珍妮每 1/3 年接收到一个迪克所发出的信号，故可收到 5/（1/3）=15（个）信号。综合去程与回程，珍妮总共收到 15+15=30（个）迪克所发的信号。又因迪克每一年发一次信号，在迪克回抵地球前，珍妮总共收到 30 个信号，故珍妮推断迪克在外的时间只有 30 年，此与迪克自己的推论一致。

综合整个旅程，迪克总共收到 50 个珍妮发出的信号，迪克推论珍妮已过了 50 年，此与珍妮的认知相同。珍妮总共收到 30 个迪克发出的信号，珍妮推论迪克已过了 30 年，此与迪克的认知相同。

18 飞碟的飞行原理3：
空间扭曲

　　狭义相对论仅适用于匀速运动的坐标系统（即惯性坐标系统），当系统有加减速运动，或受到重力影响时，狭义相对论就不能用了。宇宙飞船从地球起飞，跨越时空降落到另一个星球，此过程中匀速运动的部分可遵循狭义相对论，但牵涉到加减速运动的部分，如起飞和降落，我们就需要查阅另一本时空旅行指南——广义相对论。

　　爱因斯坦[1] 花了10年时间将他的理论扩展到具有加速度运动的系统中，又因为匀速运动是加速度运动的一个特例（其加速度的值刚好为零时），所以，我们就称他扩展后的理论为广义相对论。狭义相对论提出时间与空间都是相对性的量，做不同匀速运动的观察者，他们所测量到的时间距离与空间距离都不一样。广义相对论则更进一步指出"重力"也是一种相对性的量，不同加速度运动的观察者所测量到的重力都不一样。例如：当我们乘坐快速下降的电梯时，会感觉体重变轻

---

[1] 1905 年6月30日，爱因斯坦在德国《物理年鉴》发表《论动体的电动力学》一文。首次提出了狭义相对论基本原理，论文中提出了两个基本公理："光速不变"，以及"相对性原理"。1915 年，爱因斯坦发表了广义相对论。他所做的光线经过太阳重力场要弯曲的预言，于1919 年由英国天文学家爱丁顿的日全食观测结果所证实。1916 年，他预言的重力波在1978 年也得到了证实。

了。观察者坐在游乐园自由落体平台上，从他们的角度来看，在平台下落的过程中，几乎处于失重的状态（参见图 18.1）。相反，当航天飞机要离地起飞的刹那，航天员感觉他们的重量好像增加了好几倍。电梯、自由落体平台、航天飞机都是加速坐标系统，它们的加速度不同，其内观察者所感受的重力也都不一样。这就是所谓的"重力的相对性"，是广义相对论的核心思想。

图 18.1 重力是一种相对性的量，不同加速度运动的观察者所测量到的重力都不一样。坐在游乐园中处于自由落体平台上的观察者，是处于加速坐标系统，由他们的角度来看，在平台下坠的过程中，重力几乎为零，亦即处于失重的状态。

图片来源：http://www.arowanahome.com/UploadFile/2010-7/201071216443010573.jpg

通过上面的例子，我们知道重力不是绝对的量，它的值会受到加速度的影响。爱因斯坦进一步指出，重力与加速度其实是等义的观念。他举出一个实验来说明二者的等义性。在一个远离任何星体的太空中，有一艘宇宙飞船（参见图 18.2），它没有受到任何重力作用，但其本身

正以 $g=9.8m/s^2$ 的加速度（此值刚好等于地球表面的重力加速度）运动。假设里面的航天员并不知道宇宙飞船的运动情形，所以他想要做一个实验来测定他所在的重力场强度有多大。航天员手拿一个发射器，将小球水平射出。结果发现小球呈现抛体运动，最后掉落在地板上。小球的运动轨迹说明小球确实受到重力场的作用。为了求得重力加速度 a，航天员测量得到下列数据：小球的水平抛射距离 $L=4.85$ 米，初始高度 $H=1.2$ 米，水平初速 $V_0=1$ 米 / 秒。将这几个测量值代入高中所学的抛体运动公式，航天员得到小球向下的加速度为：

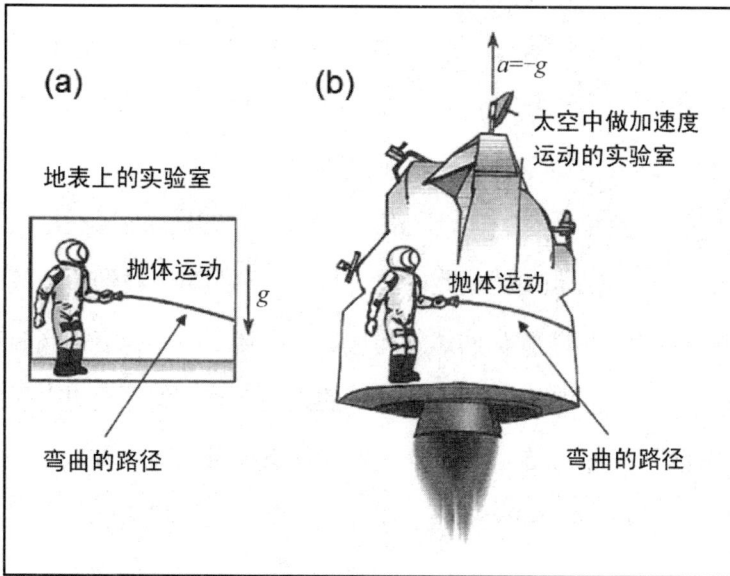

图 18.2 （a）在地球表面的实验室内所观察到的抛体运动；（b）在外层空间做加速运动的实验室内所观察到的抛体运动。两者所观察到的抛体运动完全相同，无法区分哪一个实验室是在地表，哪一个是在外层空间。此现象表达了重力与加速度运动的等效性。

图片来源：《Concepts of Modern Physics》，A.Beiser 著，图 1.18，2003

$$a = \frac{1}{2H}\left(\frac{L}{V_0}\right)^2 = \frac{1}{2 \times 1.2} \times \left(\frac{4.85}{1}\right)^2 = 9.8\left(\text{m/s}^2\right)$$

此值刚好等于地球的重力加速度 9.8m/s^2。根据测量结果，航天员判定宇宙飞船停在地球表面，或是停在一个和地球重力场一样的星球表面。

航天员的实验是正确的，他忠实地记录了在宇宙飞船内所看到的事件。但在宇宙飞船外的观察者，一定会认为航天员的结论很可笑，因为宇宙飞船根本不受重力，宇宙飞船的周围也没有任何星球，只是宇宙飞船本身受到一个作用力使其以 9.8m/s^2 的加速度向上运动。如果没有受到重力作用，那么球为何会落地呢？球未脱离手之前，是和航天员一起做加速运动；球离开手后，则保持离开瞬间的速度，做匀速运动。然而，地板以及整个宇宙飞船的速度却在不断增加（注意宇宙飞船是在做向上的加速运动），因此，地板很快就追上小球。所以说，对宇宙飞船外的观察者而言，是地板追到球；而对航天员而言，却是球掉落在地板上。

很明显，航天员所感受到的重力只是一种假象。我们先别取笑航天员弄假成真，因为我们的认知与他实在没什么两样！宇宙飞船就是地球，航天员指的就是居住在地球上的人类，当人类看到树上的果实掉落在地面上时，一定会想地球一定有什么力量在吸引着树上的果实（尤其是牛顿），绝不会想到是树上的果实不动，而是地面跑来撞它的（除了爱因斯坦）。

牛顿的万有引力是正确的，因为它忠实地描述了宇宙飞船内发生的现象，爱因斯坦也看到了同样的现象，但他是从宇宙飞船的外面来看。因此，他看到了重力的本源，看到了重力与加速度间的等效关系。而且，爱因斯坦通过弯曲空间所产生的加速度效应，成功地将重力（万有引力）现象用静态的空间弯曲程度加以描述。

　　根据爱因斯坦的广义相对论，万有引力是时空弯曲所造成的。如图 18.3 所示，一颗星球将其周围的空间凹陷，卫星顺着凹陷的曲面而运动。这种情形就好像在弹簧床的中间摆一个 50 千克的大铁球，然后在床边缘放一个小钢珠，小钢珠势必朝大铁球滚去，是大铁球在吸小钢珠吗？不是！是大铁球将床面"凹陷"后，小钢珠顺势下滑而已。

　　同样的道理，表面上看起来好像是大星球有一股力量在吸引着小星球，实际上是大星球将周围时空凹陷后，小星球顺势下滑的结果。

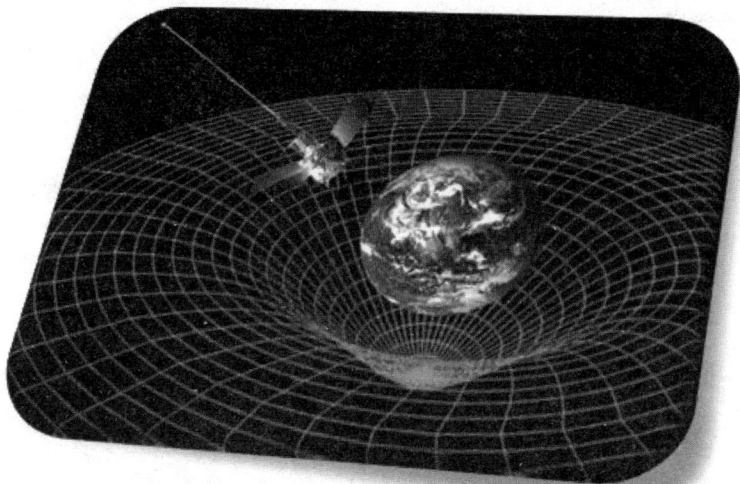

图 18.3　地球对人造卫星的吸引是因地球将周围时空凹陷后，卫星顺势下滑的结果，但是表面上看起来好像是地球有一股力量在吸引着卫星。

图片来源：http://www.huanqiukexue.com/html/guancha/zhuanti/2011/1122/19356.html

图 18.4 的左图意在说明重力所造成的时空凹陷现象。巨大星系将周围空间凹陷后，使得从后方射进来的光线通过凹陷区时，也要顺着空间凹陷起伏的"地形"而向前运动。而另外一条光线由于其路径远离凹陷区，所在的空间很平坦，所以它的路径是直线。今比较两束光，一束通过凹陷区，其路径曲折起伏，另一束远离凹陷区，其路径为直线，所以前者的路径长度大于后者的长度。因此，当这两束光到达我们的观测站时，就会有时间的相位差，并在观测镜上留下两个影像，一个是主影像，一个是次影像。此光学效果好像是光线通过透镜所产生的情形一样，因此，又称为重力透镜效应。

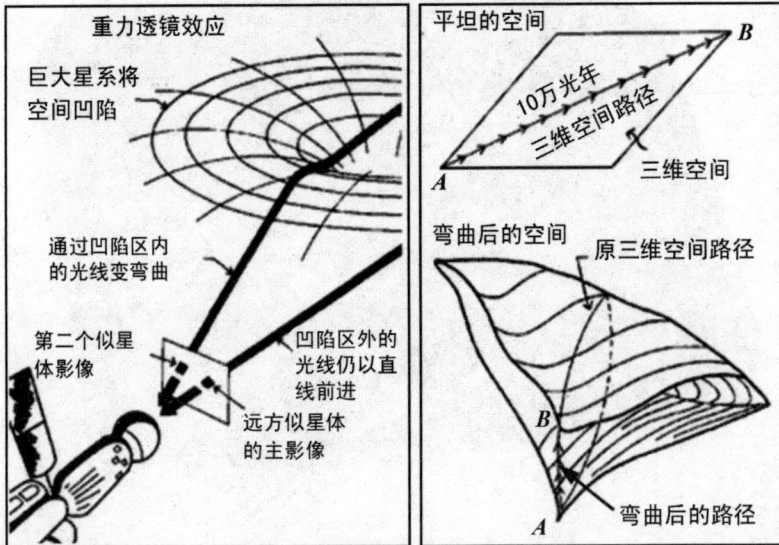

图 18.4 左图：空间的凹陷造成两束光路径的长度不同，犹如光通过透镜的效果，故称为重力透镜效应。右图：通过空间的弯曲对折，可将原本距离遥远的 A、B 两点，变得几乎重叠。

图 18.5 展示一张西非多哥共和国于 1979 年所发行的邮票，这是一张纪念爱因斯坦百年诞辰的邮票，传神地表达出广义相对论这一主要贡献。来自远方恒星的光线，受到太阳周围空间凹陷的影响，其行进的路径被弯曲。这使得望远镜中所看到的恒星位置，偏离了其实际位置。

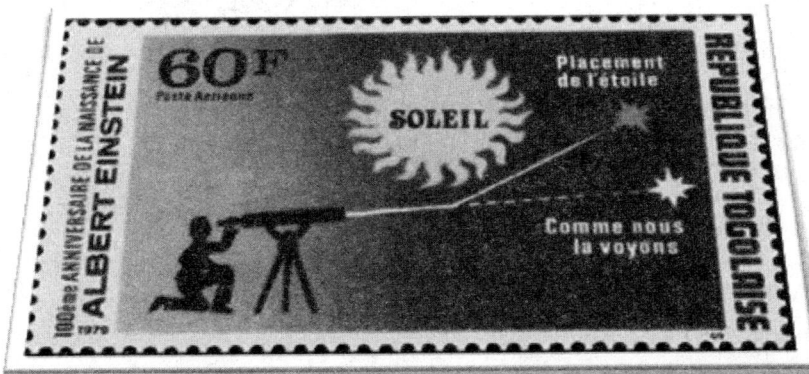

图 18.5 西非多哥共和国于 1979 年发行了一张纪念爱因斯坦百年诞辰的邮票，简洁有力地表达出广义相对论这一主要贡献。上面的实线代表真实的光线，下面的虚线代表星星的视位置。

图片来源：http：//se.risechina.org/kxwh/YPKX/200607/35_7.html

在三维空间中才可以看到一个二维平面被扭曲成曲面的外形；同理，只有在四维空间中，才能见到三维空间被扭曲后的外形。一个平坦的空间不会产生重力，而空间扭曲得越厉害，其重力越强。目击者所拍下的幽浮影片显示，幽浮的运动完全不受地心引力的影响，这说明幽浮具有改变空间扭曲程度的能力。在地表附近的空间，应具有某些程度的扭曲度，才能造成我们所熟知的地心引力。幽浮在地表附近运动时，原本应受到地心引力的影响，但若其将原本扭曲的空间加以平坦化，则地心引力不复存在。科学界有人在研究反重力装置，其关键技术就在于如何操控空间的扭曲程度。

空间的扭曲程度，对于居住在三维空间的人们而言，是很抽象的东西，因为在三维空间内的人无法感受到空间本身的弯曲。原先距离遥远的两点，经过空间扭曲后，会变得很近。这犹如纸张对角线两端点的距离最远，蚂蚁要走很久；但将纸张对折后，蚂蚁可在一瞬间从一角到达另一角。这蚂蚁就是飞碟，纸张就是空间。飞碟将空间弯曲后，可在一瞬间从太空中的一角到达另一角。

参考图 18.4 的右图。其中 A、B 表示在三维空间中距离 10 万光年的两颗星球，若以光速旅行，从 A 到 B 需要 10 万年的时间。但是，若将空间加以弯曲（注意三维空间的弯曲，须在四维空间中才能看得到），则 A、B 间的距离将大为缩减。如右上图所示，在平坦空间中，将 A、B 所在的空间视为一平行四边形，沿着从左下角到右上角的对角线，将此平行四边形对折，对折后的空间如右下图所示，原先距离遥远的 A、B 两点，现在则几乎重叠（从四维空间来看）。

由三维空间看四维空间之难于理解，正犹如二维平面看三维空间之难于理解。在图 18.6 中，有一只蚂蚁要从 A 走到 B。蚂蚁是二维平面的生命（仅能在平面运动），如果它要从 A 爬到 B，它必须沿着一条二维平面上的路径：$A \rightarrow C \rightarrow D \rightarrow B$，总共需爬行 201 米。如果蚂蚁学会飞，则它直接由 A 飞到 B，只要飞行 1 米。因此——

· 二维平面的蚂蚁认为 A、B 之间长 201 米。

· 三维空间的蚂蚁认为 A、B 之间长 1 米。

看不见的多维空间

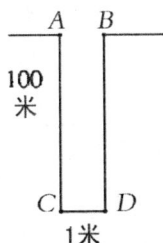

100米

A B

C D

1米

　　蚂蚁是二维空间的生命（仅能在平面运动），如果他要从A到B，须走二维空间路径:A→C→D→B，总共需爬行201米。如果蚂蚁学会飞，则它直接由A飞到B，只要飞行1米。二维空间的蚂蚁认为A、B之间长201米。三维空间的蚂蚁认为A、B之间长1米。

图18.6　二维平面的蚂蚁认为A、B之间的距离有201米，然而，对于会飞的蚂蚁（即三维空间的蚂蚁），A、B之间只隔1米。蚂蚁学会飞，就犹如人类学会进入四维空间。

　　我们可以做如下的对应：若A表示太阳，B表示另一颗恒星。

　　·三维空间的人类认为A 、B之间相距201光年。

　　·四维空间的人类认为A 、B之间相距1光年。

　　我们所认为的太空之中两颗恒星距离数十万光年的遥远距离，那纯粹是三维空间的观念罢了！就如同上面的蚂蚁一样，二维平面的蚂蚁认为A 、B之间非常遥远，要走很久才能到达。然而对于会飞的蚂蚁（即三维空间的蚂蚁），A 、B两点可以说近在咫尺，飞一下就到了。

　　蚂蚁学会飞，就犹如人类学会进入四维空间，本来的距离障碍一下子就不见了。我们可以做出如下结论：所能够进入的空间维度数越高，距离的限制及障碍就越低。

　　某些星球离地球非常遥远，这遥远的概念纯粹是来自三维空间的感觉，从四维或更高维度的空间来看，几万光年外的星球，可以瞬间即至。我们再举一个例子来说明"远在天边，近在咫尺"的空间扭曲概念。考虑如图18.7所示的一根铁丝，现有一只蚂蚁想要从 A 点到达 C 点。由于蚂蚁是平面型（二维平面）的动物，它只能乖乖地从 A 慢慢爬经 B，再到 C。如果 A 与 C 之间有一千米的距离，对于蚂蚁而言，是非常遥远的，它要花很久的时间才能到达目的地。如何才能使蚂蚁很快地从 A 到 C 呢？这可以从三个层次加以说明：

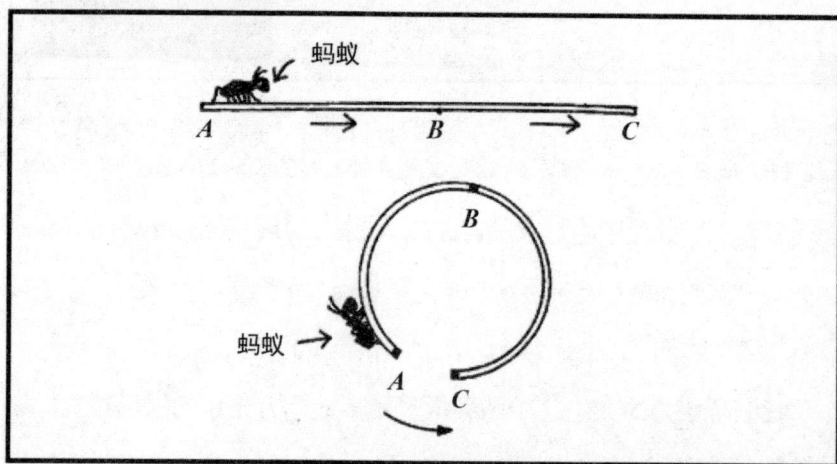

图18.7 弯曲空间可缩短 A 与 C 间的距离，但二维平面的蚂蚁如果不会飞（进入三维空间），仍然无法经由捷径从 A 到 C，而必须沿着弯曲的路径，经由 B 到 C，这时路径长与直线比起来并没有缩短。这里的蚂蚁比喻三维空间的人类，会飞的蚂蚁比喻四维空间的人类。

· **第一个层次**，蚂蚁改进其爬行速度，以缩短运动时间。不过这可能需要几万年的演化，才能使蚂蚁的速度快一倍或两倍。

· **第二个层次**，某些突变的蚂蚁（如飞蚁）学会飞，飞的速度一定比爬的速度快多了，在比较短的时间内即可到达。但是以蚂蚁的大小而言，其飞的速度有一定的极限，若 A 与 C 之间长达数十万米，纵使蚂蚁会飞，也很难在其有生之年到达目的地。

· **第三个层次**，蚂蚁不但学会飞（即由平面运动发展为三维空间运动），而且懂得把铁丝弄弯曲（参见图 18.7 下图），蚂蚁可以直接从 A 飞到 C，而不必沿着原先 $A \to B \to C$ 的漫长路径飞行。

上面的例子中，用蚂蚁来影射人类，A 点比拟地球，C 点代表遥远的一颗恒星。$A \to B \to C$ 为一条三维空间的路径（可能有数万光年远）。人类为了到达目的地 C，其所经历的科技文明，亦可分成下列几个层次：

· **第一个层次**，人类学会飞行技术（相当于蚂蚁学会爬），而且飞行技术逐渐改良，使飞行所需时间减少（相当于蚂蚁爬得越来越快）。但人类学会飞行，需要经过人类数万年的文明演进。

· **第二个层次**，人类学会进入四维空间，相当于蚂蚁会飞以后，其超越障碍物的能力将大为提升。例如：距离只有一厘米的两张桌子，蚂蚁发现了另一张桌面上有好吃的食物，如果蚂蚁会飞，则可以直接飞过一厘米宽的悬崖（对蚂蚁而言），立即取得食物，而不必沿着桌脚爬到地面后，到达另一张桌子的桌脚，再沿着桌脚到达桌面而取得食物。但要注意的是蚂蚁纵使会飞，也无法改变桌面之间的距离，如果桌面距离 100 米，它们仍然要飞过 100 米才能到达目的地。

同样的道理，人类能进出四维空间，就是能在很短的时间跨越原先认为很遥远的距离。能进入四维空间，只是说明人类找到了捷径，不必绕远路就可以到达另一个三维空间；但是，若另一个三维空间的时空距离相对于现在的三维空间很远时，仍然需要很长的时间才能到达（犹如两个相距很远的桌面，蚂蚁纵使会飞，也要飞很久）。

· **第三个层次**，人类可以进出四维空间，并且有能力造成时空的弯曲。这时候距离遥远的两颗恒星，可以通过彼此间的空间扭曲而缩短距离。

飞碟能瞬间出现，瞬间消失，显示外星人已经到达第三个层次：能进入四维空间并有扭曲时空的能力。这使得外星人所居住的星球，虽然从三维空间看来，距离地球有数万光年，但从四维空间观之，则也许只有月球到地球间的距离那么远。因此，飞碟只需要很短的时间便可以从他们的星球到达地球。

19 企业号星舰的宇宙之旅

　　有没有可能以二三十年的时间穿越 150 亿光年的浩瀚宇宙呢？也就是说用光子火箭以光的速度旅行 150 亿光年的距离不需要 150 亿年，只要二三十年就足够了，这样的梦想有可能实现吗？根据星际旅行指南——相对论，这是切实可办到的事情。在这一单元中，我们将乘坐企业号星舰（参见图 19.1）来一趟宇宙之旅，星舰内的计算机按照相

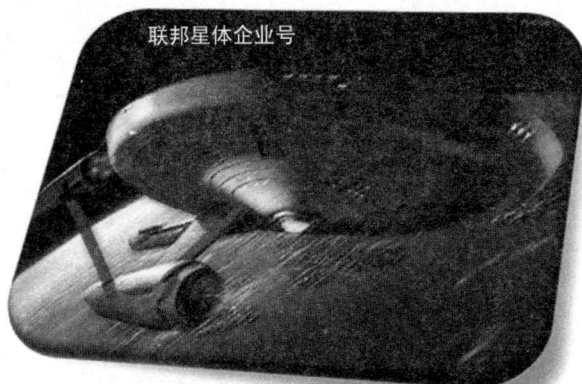

图 19.1　企业号星舰停在地球轨道上，正为乘客提供飞行前简报，准备来一趟跨越宇宙的星际奇航。图片来源：Startrek 星际旅行插画集 16

对论的公式，一一算出宇宙飞船每年可飞行的距离，并预测在星舰第23年时，飞抵100亿光年远的宇宙边缘。

由于航天员需好几年都生活在星舰内，因此，要使得航天员在星舰上和在地球的感觉一模一样。而其中最大的差异点是，地球上人类恒受到一个 g 的重力加速度；然而，太空中的重力却是零。依据广义相对论的等效性原理，当企业号星舰以一个 g 的加速度前进时，航天员将感受到与地球一模一样的重力场；当星舰要减速时，也以一个 g 的减速度进行，此时须将星舰的头、尾做180°的对调。因此，虽然星舰正在做1个 g 的减速，但里面的航天员仍然觉得是在做1个 g 的加速度，这使得星舰不管如何运动，航天员仍犹如置身于地球的重力场一般。如此才能确保航天员能健康地在星舰内生活，否则长期处在高于1个 g 或小于1个 g 的重力场内，航天员迟早会精神错乱的（参见图19.2）。

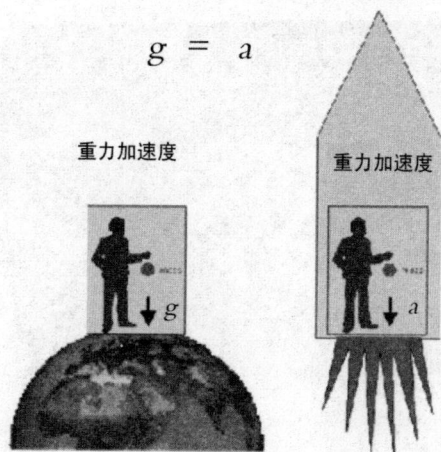

$$g = a$$

重力加速度　　　　　　　重力加速度

图 19.2　依据广义相对论的等效性原理，当企业号星舰以一个 g 的加速度前进时，航天员将感受到与地球一模一样的重力场。

图片来源：http://163.13.111.54/general_physics/OSC_Ch-35_relativity.html

　　企业号星舰以一个 g 的加速度（相当于 9.8m/s^2）离开地球，航向浩瀚的宇宙海，什么时候航天员才能到达宇宙的边缘呢？如果星舰到达宇宙的边缘后，又折返地球，航天员仍活着吗？那时地球变得如何？地球还存在吗？这些疑问都可以借助相对论公式的计算而获得解答。

　　星舰能以短短几年的时间飞行数十亿光年的距离，所依据的正是相对论的长度缩减效应与时间膨胀效应。下面要介绍的太空轨迹计算以及时空转换公式都已经设定在企业号的主计算机之中（参见图 19.3），表 19.1 中（详情见 P174），是企业号主计算机所列出的时空之旅行程规划表。

图 19.3 联邦星舰企业号 NCC–1701–D 的船舰室，其中负责轨道计算及时空转换的主计算机在后方一排。

图片来源：http://photo.pchome.com.tw/zou0621/130966370291

　　原先我们在第 16 单元所提到的时间扩张效应：

$$\Delta t = \frac{\Delta t_0}{\sqrt{1 - v^2/c^2}} \tag{19.1}$$

只适用于匀速运动的宇宙飞船（速度 v 为定值）。但目前企业号星舰处于加速的状态，它的速度 v 一直在变化，所以（19.1）式必须修改成某一瞬间的时间扩张效应：

$$dt = \frac{dt_0}{\sqrt{1-v^2(t)/c^2}} \qquad (19.2)$$

其中微分 dt 代表 $\Delta t \to 0$ 的情形，微分 dt_0 代表固有时间 $\Delta t_0 \to 0$ 的情形。（19.2）式中的航舰速度 $v(t)$ 是待求的时间函数，它可由力学的基本观念"作用力 F 等于动量的时间变化率"来求得：

$$F=mg=\frac{d}{dt}(\gamma m v)=\frac{d}{dt}\left(\frac{mv}{\sqrt{1-v^2/c^2}}\right) \qquad (19.3)$$

其中，我们注意到动量 mv 被乘上一个参数 $\gamma=(1-v^2/c^2)^{-1/2}$，称为相对论的修正因子。引入此一修正因子后，牛顿力学的观念"作用力等于动量的变化率"，仍可适用于相对论体系。航舰受到一个固定力 $F=mg$ 的作用，其中 $g=9.8m/s^2$ 是地表的重力加速度，其目的如前所述，就是要让航舰内的航天员感觉像是生活在地球上。

在（19.3）式的两边，对时间进行积分，并注意左边的积分是 mgt，右边本是一函数对时间的微分，再积分的结果又回到原函数，因此（19.3）式的积分变成

$$gt = \frac{v}{\sqrt{1-v^2/c^2}} \qquad (19.4)$$

利用上式即可求解出速度 v，用时间 t 表示如下：

$$\frac{v}{c}=\frac{t}{\sqrt{t^2+c^2/g^2}} \leqslant 1 \qquad (19.5)$$

上式说明航舰在固定力 $F=mg$ 的作用下，其速度递增，但其值永远比光速 c 小，唯有时间趋近于无穷大时，航舰的速度 v 才会趋近于光速 c。这是相对论架构下的自然结果，亦即光速是任何物体速度的极限值。

在（19.5）式中，我们已将 v/c 表示成时间 t 的函数，再将此函数

代入（19.2）式中，可得时间扩张效应的瞬间关系式：

$$\mathrm{d}t_0 = \frac{c/g}{\sqrt{(c/g)^2 + t^2}}\,\mathrm{d}t$$

再将上式积分，即可得固有时间 t_0 与区域时间 t 之间的关系式：

$$t = \frac{c}{g}\,\sinh\left(\frac{t_0}{c/g}\right) \tag{19.6}$$

其中 $\sinh$ 称为超正弦函数，它可用指数函数表示如下：$\sinh(x) = (e^x - e^{-x})/2$。固有时间 t_0 就是航舰上的时间，而区域时间 t 就是地球上的时间。我们知道指数递增非常快，所以在（19.6）式中，航舰上的时间 t_0 增加一点点，地球上的时间 t 将会发生很大的变化。这变化有多大呢？在表19.1 中，我们将看到航舰上的第 23 年，地球竟然已经过了一百亿年。

我们最后一个要推导的公式，是关于航舰旅行的距离 L_0 如何随时间而变。距离的时间变化率等于速度，写成数学式就是 $v = \mathrm{d}L_0/\mathrm{d}t$，将这个式子代入（19.5）式中，得到 $\mathrm{d}x$ 与 $\mathrm{d}t$ 间的关系为：

$$\frac{\mathrm{d}L_0}{c} = \frac{t\,\mathrm{d}t}{\sqrt{t^2 + c^2/g^2}}$$

再对上式积分，我们即可获得航舰飞行距离随时间变化的关系式：

$$\frac{L_0}{c} = \sqrt{t^2 + c^2/g^2} - \frac{c}{g} \tag{19.7}$$

为了计算方便，我们将三个主要关系式（19.5）、式（19.6）、式（19.7）归纳改写如下：

$$t = A\,\sinh\left(\frac{t_0}{A}\right), \quad \frac{v}{c} = \frac{t}{\sqrt{t^2 + A^2}}, \quad L_0 = \sqrt{t^2 + A^2} - A \tag{19.8}$$

其中时间 t 与 t_0 以年为单位，距离 L_0 以光年为单位，而 A 是一常数：

$$A = \frac{c}{g(year)} = \frac{299\,792\,458}{9.806\,65 \times 365.2425 \times 24 \times 3\,600} \approx 0.968\,734\,97$$

在求 A 值时，我们尽量将光速 c 及重力加速度 g 取到足够多的有效位数，因为很小的误差都会被超正弦函数 $\sinh$ 放大。当星舰从第 1 年（$t_0=1$）到第 23 年的旅程中，我们将根据（19.8）式，分别计算地球所经历的时间 t、星舰的飞行速度（v/c），以及星舰飞行距离 L_0，并将结果归纳成表 19.1。

在表 19.1 中，第一列表示星舰的时间经历（t_0）；第二列表示地球的时间（t）；第三列表示星舰飞行的速度（v/c），第四列表示星舰飞行的距离（L_0）；第五列表示星舰所要到访的星系。表中显示星舰在第 8 年以后，飞行速度都达到光速（$v/c=1$），这实际上是小数点第 7 位以后四舍五入的结果。星舰速度并未达到真正的光速，但已非常接近，才造成四舍五入后都等于光速的情形。

表 19.1 联邦星舰企业号百亿光年时空之旅——行程规划表

星舰时间（年）	地球时间（年）	飞行速度（除以光速）	飞行距离（光年）	到访的星系
1	1.187×10^0	0.774739	5.634×10^{-1}	
2	3.756×10^0	0.968263	2.910×10^0	半人马座阿尔法星 C
3	1.070×10^1	0.995924	9.775×10^0	罗斯 154 星
4	3.008×10^1	0.999482	2.913×10^1	
5	8.447×10^1	0.999934	8.351×10^1	已飞越数千恒星
6	2.372×10^2	0.999992	2.362×10^2	

星舰时间（年）	地球时间（年）	飞行速度（除以光速）	飞行距离（光年）	到访的星系
7	6.658×10^2	0.999999	6.648×10^2	
8	1.869×10^3	1	1.868×10^3	
9	5.248×10^3	1	5.247×10^3	
10	1.473×10^4	1	1.473×10^4	
11	4.136×10^4	1	4.136×10^4	穿越银河系中心
12	1.161×10^5	1	1.161×10^5	完全脱离本银河系
13	3.260×10^5	1	3.260×10^5	
14	9.152×10^5	1	9.152×10^5	大小麦哲伦云系
15	2.569×10^6	1	2.569×10^6	仙女座星系
16	7.214×10^6	1	7.214×10^6	旋涡星系 NGC300
17	2.025×10^7	1	2.025×10^7	旋涡星系 M83 和 M104
18	5.686×10^7	1	5.686×10^7	室女座星系图
19	1.596×10^8	1	1.596×10^8	似星体
20	4.481×10^8	1	4.481×10^8	宇宙巨墙 宇宙栅栏

星舰时间（年）	地球时间（年）	飞行速度（除以光速）	飞行距离（光年）	到访的星系
21	1.258×10^9	1	1.258×10^9	似星体
22	3.532×10^9	1	3.532×10^9	
23	9.916×10^9	1	9.916×10^9	已飞越100亿光年

在表 19.1 中，我们特别注意地球时间与飞行距离的关系。当星舰速度达到近似光速时，地球所经历的"年数"与企业号星舰所飞行的"光年数"趋于一致。例如：星舰时间第 10 年，地球已经度过 1.473 万年，而同一时间，星舰的飞行距离达到 1.473 万光年。这是因为星舰此时几乎是以光速飞行，所以，它飞行几年，飞行的距离就有几光年。地球上的 1.473 万年，我们先前称之为时间膨胀，这是相对于星舰上的 10 年来讲的；但是对于地球人而言，时间可是没有膨胀，他们如假包换地度过 1.473 万年的沧桑岁月，同时看到星舰飞行了 1.473 万光年。

但是若从航天员的角度来看，星舰花 10 年的时间，即可飞行 1.473 万光年，这样不就代表星舰的速度是光速的一千多倍吗？但是大家不要忘记，这 1.473 万光年的飞行距离是地球人的观点，不是航天员的观点。航天员所测量到的星舰飞行距离称作缩减距离 L，它比地球人所量到的固有距离（L_0）1.473 万光年还要小很多，二者的关系如（17.2）

式所示：

$$dL = \sqrt{1 - v^2/c^2}\, dL_0 \qquad\qquad (19.9)$$

由于速度 v 每个瞬间都在变，所以上式中的 L 和 L_0 被它们的瞬间变化值 dL 和 dL_0 所取代。将（19.5）式代入（19.9）式，将之改写成：

$$dL = \frac{c/g}{\sqrt{t^2 + c^2/g^2}}\,,\ dL_0 = \frac{c/g}{L_0/c + c/g}\, dL_0$$

其中第二个等式是利用（19.7）式而得到的。最后再对上式积分，即可获得 L 和 L_0 的关系式为：

$$\frac{L}{c} = \frac{c}{g} \ln\left(\frac{L_0/c}{c/g} + 1\right) \rightarrow \frac{L}{A} = \ln\left(\frac{L_0}{A} + 1\right) \qquad (19.10)$$

在上式右边的式子中，我们将距离表示成以光年为单位，而常数 A 已于前面定义过。

现在我们回到先前的讨论，也就是当星舰时间第 10 年时，从地球上来看，它已飞行了 1.473 万光年。现在将 L_0=14730 光年代入（19.10）式，我们得到 L=9.3284 光年，这就是由航天员测量到的星舰航行距离。所以从航天员的角度来看，星舰以 10 年的时间航行 9.3284 光年，是相当合理的结果。航天员所认知的场景，以 10 年时间航行 9.3284 光年，其实是发生在四维时空之中；若从三维空间的地球观察者来看，此场景却历经了 1.473 万年的沧桑岁月，同时跨越了 1.473 万光年的漫长距离。

在表 19.1 的最后一行，星舰时间第 23 年，它已飞行了 L_0=99.16 亿光年，这是从三维空间所观察到的结果。将此**数据**代入（19.10）式中，我们得到 L=22.3285 光年，这是星舰在四维时空中的实际飞行距离。

当星舰的速度越接近光速，四维时空的捷径效应越明显，越能带领我们冲破三维空间的距离障碍。

以上是星际旅行指南——相对论，提供给我们的飞行前的简报。现在就让我们启动企业号星舰（参见图 19.4），来一趟跨越宇宙的星际奇航吧。

图 19.4　企业号舰桥后侧计算机有 5 个工作站：科学站 1、科学站 2、维生系统站、工程站和任务计划站。

图片来源：http://photo.pchome.com.tw/zou0621/130966342280

·星舰日志第 1 年

在星舰内度过的第 1 年，地球上已过 1.2 年，此期间星舰飞越 0.56 光年的距离，而星舰的速度达到光速的 77％（参见表 19.1）。星舰时间第 2 年结束时，地球上的人类已度过 3.8 年，星舰已航行 2.91 光年，星舰的速度则已达光速的 97％。这前面两年的飞行主要是星舰加速到

接近光速的过程，航舰窗外则是一片真空死寂，行程较为无聊。目前我们还没有遇到任何星球。连星际航行的第一停靠站——比邻星（半人马座阿尔法星C），都尚未到达。

·星舰日志第3年

当我们在星舰上度过第三个年头时，星舰已经越过半人马座阿尔法星、巴纳德星，来到距离太阳系9.78光年的地方。在这个半径范围之内，星舰已经经过距太阳10光年之内的7颗恒星，如图10.1所示。此外有两颗恒星，天苑四（波江座 ε 星，10.8光年）及天苍五（鲸鱼座 τ 星，11.8光年），也正在接近的过程中（参见图19.5）。早在20世纪60年代，美国国立电波天文台的德雷克博士所主持的"奥兹玛计划"[1]就曾经针对这两颗恒星搜寻生物标志信号。

天苑四（Epsilon Eridani）距离地球10.5光年（大约63万亿英里），在地球上用肉眼就能看见。它位于北部天空猎户座附近的波江座（Eridanus）内，这个星座是根据神话中一条河的名字命名的。天苑四比我们的太阳年轻得多，它大约只有8.5亿岁，而我们的太阳系已经有45亿岁。天苑四稍微比太阳小一些，温度更低一些。最新的天文观测数据显示，至少有1到3颗行星围绕着恒星天苑四运行。当企业号星舰经过天苑四恒星时，我们已发射无人探测船登陆它的行星，勘查可

---

[1] "奥兹玛计划"是康乃尔大学的天文学家法兰克·德雷克所从事的早期搜寻地外文明计划（SETI），于1960年在美国国家无线电天文台使用位于西维吉尼亚的绿堤电波望远镜观察，实验的目的是通过无线电波搜寻邻近太阳系的生物标志信号。这个计划后来以虚构的奥兹国统治者奥兹玛女王来命名，灵感则来自无线电广播李曼·法兰克·鲍姆出版的《绿野仙踪》这本书中虚构的翡翠城。德雷克使用直径85英尺的电波望远镜，以频率1.420G赫兹的电波观察天苑四和天仓五，这两颗都在太阳系附近，并且似乎是适于生物居住的行星。（中文维基百科）

能存在的智慧生命。

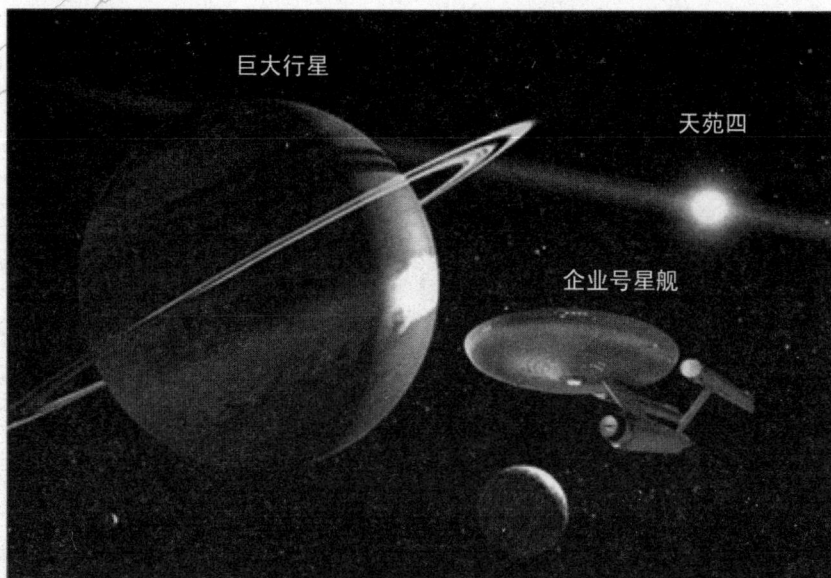

图 19.5　星舰日志第 3 年，企业号经过天苑四恒星，发现它有颗巨大的行星，其上面可能存在有生命迹象。

图片来源：http://tw.aboluowang.com/news/2006/1017/17260.html

·星舰日志第 5 年

　　企业号星舰内的生活环境相当舒适，提供了和地球一模一样的工作和休闲空间。图 19.6 显示星舰内的船员起居室，如果不看窗外近在咫尺的繁星点点，它实在和地球上的家居生活没有两样。星舰上有先进的医学自动扫描诊断设备，以及细胞 DNA 快速自动修复系统，让病人能够快速康复（参见图 19.7）。星舰内的活动空间毕竟有限，无法像在地球上一般，上山下海，游山玩水。但是人的视觉是很容易被蒙骗的，星舰上的 3D 全息（全像术，Holography）仿真系统，可以瞬间切换到地球上的任意场景，神秘花园里的万紫千红（参见图 19.8），苍郁森林里的奇花异兽，大海里的水族世界，都能让人如临实境，乐不思蜀。

图 19.6 联邦星舰企业号 NCC–1701–D 航员起居室。
图片来源：http：//photo.pchome.com.tw/zou0621/130966393219

适应了星舰上的生活，时间过得很快，我们已经来到星舰日志第 5 年，地球日志第 84 年，联邦星舰企业号加速到 0.9999 倍光速，已飞离本太阳系 84 光年，中间穿越过好几千个恒星。这是一个特殊的时间点，因为根据时间膨胀效应的计算公式，如果企业号维持这样的速度，那么，星舰 1 年刚好是地球人间 100 年。当然，企业号还在不断地加速，所以，时间膨胀效应只会越来越严重。

假飞碟，才是真科学
Fake UFO,Real Science

图 19.7 联邦星舰企业号 NCC–1701–D 的医疗室。

图片来源：http：//photo.pchome.com.tw/zou0621/130966349754

图 19.8 星舰上的 3D 全息仿真系统，可以瞬间切换到地球上的任意场景，让人进入满
是奇花异草的神秘花园。

图片来源：《诛仙 2·新世界》3D 全息剧照 http：//news.17173.com/content/2010– 06–04/2010060
41052409911.shtml

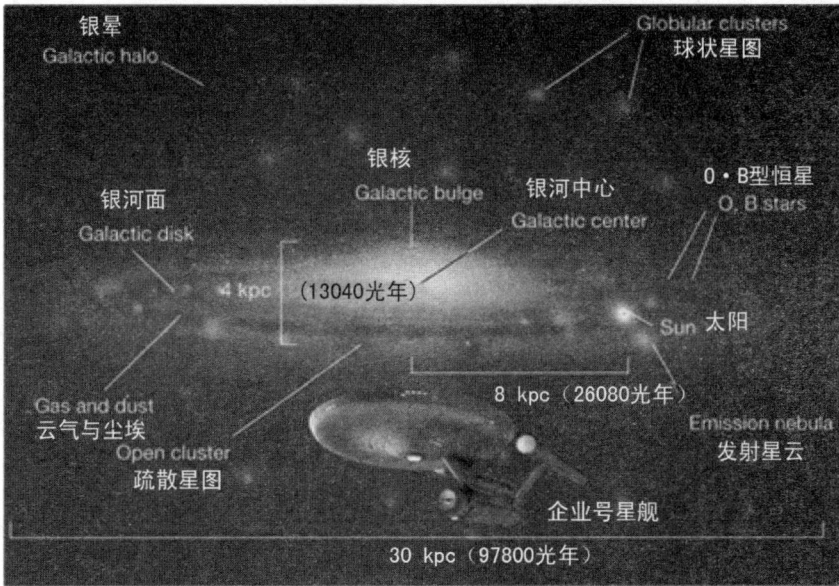

图 19.9　星舰日志第 10 年，星舰飞行了 14730 光年，来到银河中心与太阳系的中途。
图片来源：http://www.gettao.com/bbs/viewthread.php?tid=25457

· 星舰日志第 11 年

太阳系离本银河系的中心约有 26 000 光年的距离，我们对照一下表 19.1 中企业号星舰的飞行距离和经历时间的关系，可以发现在旅行满 10 年后，星舰飞行 14 730 光年，约到达银河中心的中途点。如果我们的目的地是本银河系的中心，此时就要开始减速，并将星舰做 180°的倒转，使得尾朝前，头向后，以便让在舰内的航天员仍能感受到一个 g 的"加速度"（实际上应是减速度，不过因为头尾颠倒，所以航天员仍感觉是加速度），如此才能避免因星舰的减速而破坏航天员的生活环境。但是我们的目的地在宇宙的边缘，不在本银河系中心，因此在 10 年末仍以一个 g 的加速度向无际的太空冲刺，不下达减速的命令。

由于星舰的速度越来越快，星舰在第 11 年这一年中，总共飞行了 41 360－14 730＝26 630（光年）；也就是说在这一年内，星舰所飞行的距离超过它在第 1 年到第 10 年间飞行距离的总和。而且在第 11 年末，星舰已飞离本银河系的中心，继续向其他银河迈进。

企业号原本的规划航道是要通过银河正中心，但在接近银河中心数十光年处，也就是在靠近人马座 A* 的外围区域，企业号突然遭遇到非常强大的重力吸引，在反向引擎全开的抵抗下，才逃脱被吸入的命运。企业号星舰上的计算机分析了强大重力的来源，发现此重力源自人马座 A*。企业号星舰测量到人马座 A* 的直径约有 1.5 亿千米，质量却有 400 万个太阳那么大，显示出它的质量密度是任何已知黑洞密度的 1 兆倍以上。原来人马座 A* 是一个超大质量黑洞，而它就位于本银河的中心。

这是人类的星舰第一次以这么近的距离观察黑洞。实际上，位于银河系中心的人马座 A* 是离地球最近的黑洞，被公认为研究黑洞物理的最佳目标。在一般人印象中，黑洞只是"重力极强，连光都跑不出来"的天体，但在天文学家心目中，它是研究其他活跃星系的样本（参见图 19.10）。

· 星舰日志第 12 年

星舰第 12 年，我们已远离太阳系 11.61 万光年，并且完全脱离本

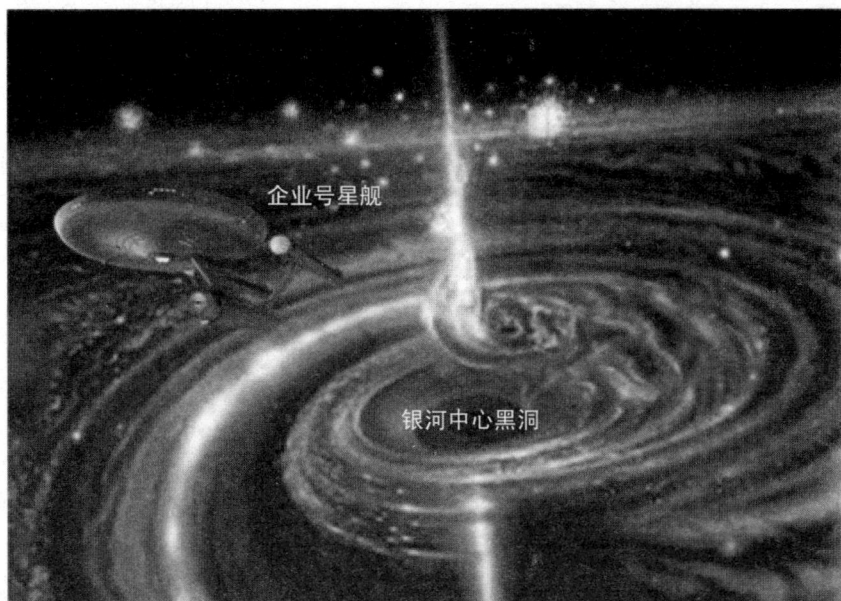

图 19.10　位于银河系中心的人马座 A* 是离地球最近的黑洞，企业号星舰一度太过接近，强大的重力差一点将星舰吸入。
图片来源：http://it.sohu.com/20120913/n353033808.shtml

银河系的范围。这时，我们从星舰往后看，可以看到整个银河系的轮廓（参见图 19.11）。它就像一个巨型圆盘，直径约 10 万光年，包含两千亿颗恒星。中心部分是星球紧密集中而成的透镜状核心，并由核球伸出巨大旋涡，人们称之为"旋臂"，其上下均可见到沸腾般喷出的高温气体。

　　这么壮观的景象，是人类有史以来第一次从银河系的外面看到我们所在的银河系的样子，这就好像在人造卫星还没有发明前，人类无法跳出地球外，看清楚地球的外形轮廓一样。星舰内的我们看到这一壮观的银河景象，同时将景象转化成数字数据传回地球，希望地球人也能一睹银河系的轮廓。

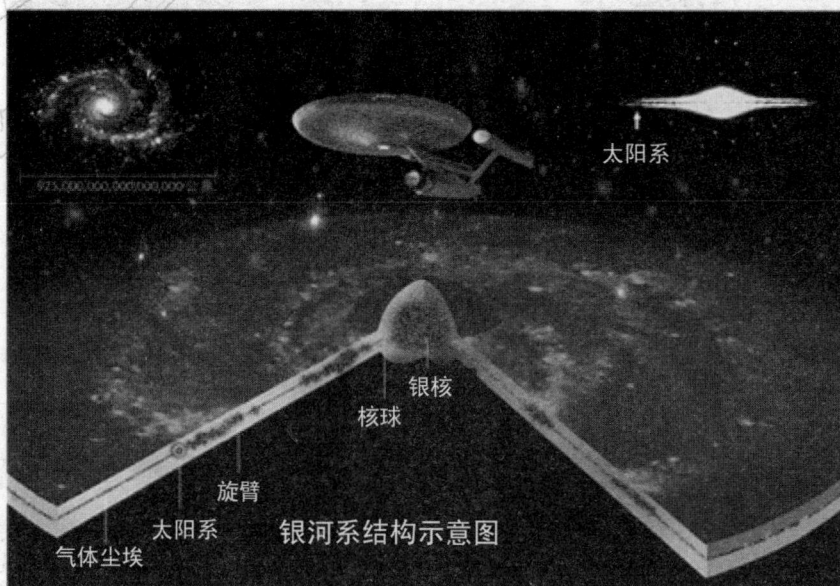

图 19.11　星舰日志第 12 年，星舰距太阳系 11.61 万光年，已经完全脱离本银河系的范围：从星舰上可以看到整个银河系的轮廓。

图片来源：http: //amuseum.cdstm.cn/AMuseum/universe/galaxy_milkyway_form.html

　　将数据传回地球不是难事，但是我们疏忽了一个关键的问题，星舰时间第 12 年，地球时间已经过了 11.61 万年（参见表 19.1），而且星舰距离太阳系 11.61 万光年，数字数据是以电磁波的方式传回地球，电磁波的传播速度等于光速，因此，我们此时此刻把图片数据传回地球，需要再花 11.61 万年的时间才会到达。所以，当银河系的轮廓照片传回地球时，已经是企业号星舰离开地球后的 23.21 万年，但是这时地球上的人类是否还存在？或是因冰河期的再次来临，人类已完全绝迹？或者是人类的科技已完全克服自然界的灾难，而进化为宇宙人？所以，我们所传回的图像数据，地球人是否能收到，还是一个未定之数。

·星舰日志第14年

星舰内时间第13年到第14年的两年间，星舰穿越了离本银河系最接近的两个银河系（即星系）——大、小麦哲伦云系（参见图19.12）。"大麦哲伦云系"，其质量只有本银河系的十分之一，其附近还有"小麦哲伦云系"，大小麦哲伦云系环绕对方运行，并以十亿年一周的速度环绕本银河系。大小麦哲伦云系受太空中黑暗物质的重力影响而逐渐减速，据估计，十亿年后将会掉进银河系里。

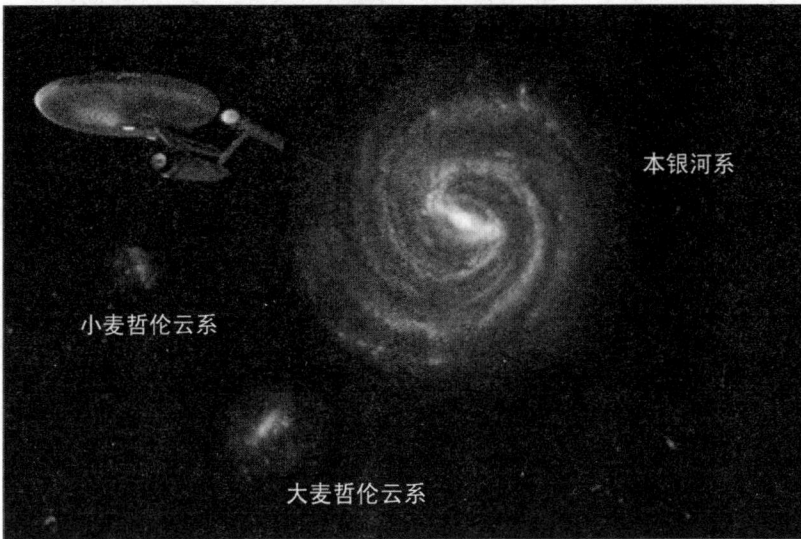

图19.12 星舰日志第13年到第14年的两年间，星舰穿越了离本银河系最接近的两个星系：大、小麦哲伦云系。

图片来源：www.uux.cn/viewnews-30374.html

·星舰日志第 15 年

穿越大小麦哲伦云系后，星舰继续向外层空间奔驰，在星舰时间第 15 年，来到距银河系 230 万光年的仙女座星系（M31）（参见图 19.13）。仙女座是一个美丽的旋涡星系，其大小和本银河系差不多，可以看到中心的核球和圆盘上的旋臂。仙女座星系与银河系之间由于重力作用，正以每秒 100 千米的速度相互接近中。在仙女座和本银河系的周围，有若干星系成群运动，此即构成本星系群（local group galaxies）。本星系群拥有 30 个以上的星系（本银河系是其中的一个星系），其分布区域广达百万秒差距，约合 326 万光年。

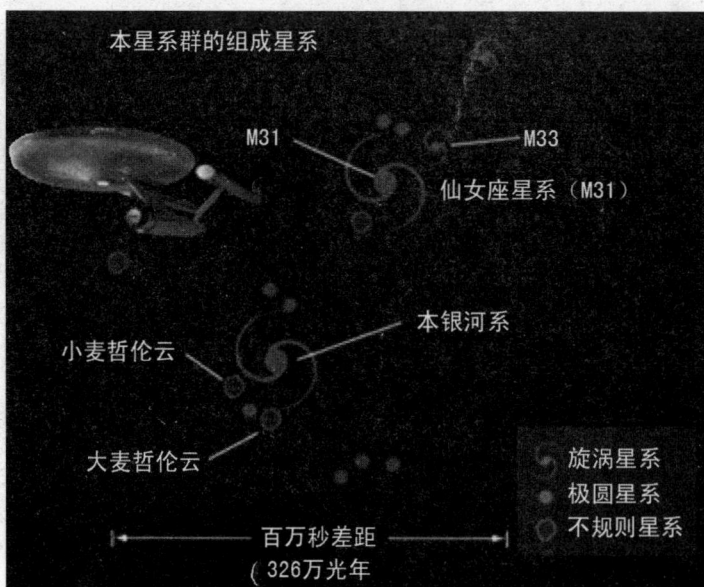

图 19.13 星舰时间第 15 年，企业号来到距银河系 230 万光年的仙女座星系（M31）。本星系群是由 30 个以上的星系所组成，其中仙女座与本银河系是最大的两个星系。

图片来源：http://www.lcsd.gov.hk/CE/Museum/Space/Education Resource/Universe/framed_c/~lecture/ch19/ch19.html

·星舰日志第 16 年

星舰日志第 16 年，企业号星舰飞离银河系约 700 万光年，所在位置是旋涡星系 NGC300，它具有小型核心，并由此伸出旋臂。航天员可以观测到此星系的中心部分正不断地产生新星球，耀眼的超新星爆炸光芒让航天员的眼睛无法直视（参见图 19.14）。

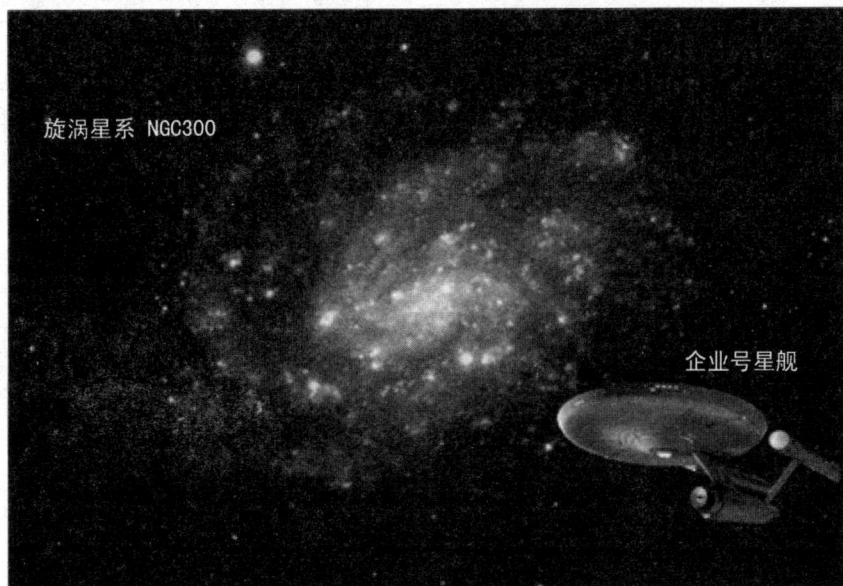

图 19.14　星舰日志第 16 年，企业号星舰飞离银河系约 700 万光年，所在位置是旋涡星系 NGC300。

图片来源：http：//content.edu.tw/senior/earth/tp_ml/stu/106_7/galaxypic2.htm

·星舰日志第 17 年

星舰日志第 17 年，上半年星舰穿越 1600 万光年远的 M83 星系，我们观测到此星系拥有两股旋臂的巨大旋转焰火；下半年则通过旋涡星系 M104。这个星系的外形看起来如同它的名称：宽边帽（Sombrero）星系。此星系的赤道面上积存有可当作星舰燃料的黑色星际气体，企业号穿过此星系的期间，也吸取了足够的燃料，为后续的长程飞行做准备。

·星舰日志第 18 年

星舰日志第 18 年，企业号星舰飞离银河系 5700 万光年，来到了室女座星系团（Virgo Cluster）。室女座星系团、本星系群，以及另外若干星系群组成半径 1.5 亿光年的巨大"本星系超集团"（Local Supercluster），又称为室女座星系超集团。宇宙中除了本星系超集团之外，还有后发座星系超集团、双鱼座星系超集团等大型集团。

本星系群正以每秒 300 千米的速度向室女座星系团方向移动；而室女座星系团中的星系，正以每秒 1000 千米的高速逐渐掉进星系团中心，导致室女座星系团中心的星系密度很高。从企业号往外看，我们观测到了星系相撞、合并的现象。

·星舰日志第 19 年

星舰日志第 19 年，企业号星舰和本银河系距离打破 1 亿光年大关。我们飞越过的宇宙结构越来越大。在距离地球 3 亿光年处，我们见证了由星系超集团连成的泡沫状的巨大组织，称之为宇宙大规模构造。原来星系在太空中的分布不是均匀的，有些地方星系的密度非常高，另外也有些领域则几乎没有星系的存在。星系密度很高的领域，星系集中的样子就像一面墙，称为巨墙结构（great wall），墙内部看似结实，墙外却是一片空荡荡（参见图 19.15b）。

星舰日志第 19 年的后半年，星舰到达约 4 亿光年的地方，我们进

一步发现星系集中的领域原来是很有规律地交错排列着，排列的样子
很像牧场规则排列的栅栏，栅栏间的距离约 4 亿光年，可以称之为星
系栅栏（参见图 19.15a）。

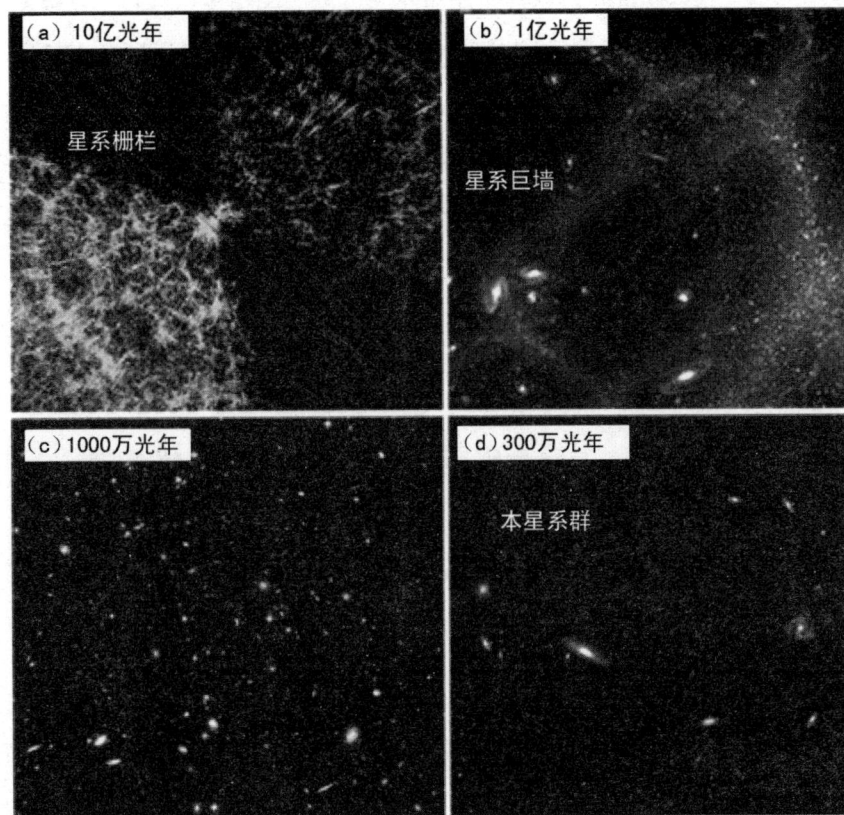

图 19.15　（a）星系栅栏结构，（b）星系巨墙结构，（c）巨墙结构的局部放大图，
图中每一个点并不是星星，而是如同我们银河系一般巨大的星系，（d）涵盖范围约
300 万光年，显示出本地星系群大概的样子。

图片来源：http：//blog.xuite.net/puda.chu/index/5633649

图 19.15（c）显示巨墙结构的局部放大图，约含 1000 万光年范围内的星系，图中每一个点并不是星星，而是如同我们银河系一般巨大的星系。图 19.15（d）涵盖范围约 300 万光年，显示出本地星系群大概的样子。本星系群是大约由 30 个星系组成的小星系团，没有中心成员，但是，其中两个体积和质量最大的星系，即我们的银河系和仙女座大星云。大小仅次于它们的是 M33 号旋涡星系和大麦哲伦云。本星系群的其他成员则是一些小的、亮度很弱的椭圆星系或不规则星系。

· 星舰日志第 20 年

星舰日志第 20 年到第 21 年的两年间，企业号星舰飞行距离由 4 亿光年逐渐增加到 100 亿光年，在这段遥远的太空空间，就是地球上所观测到的"似星体"分布的地方。似星体的真相长久以来一直扑朔迷离。它看起来是个星球状的小星体，但它的亮度却是普通星系的一万倍以上，并且持续、强烈地放射出能量极大的紫外线、X 光、电波等。如此庞大的能量，不可能是一般星球所能制造出来的，因此，科学家推测似星体是个特异的星系。现在我们正通过似星体分布的区域，可以仔细端详一下似星体的真正面貌。

似星体为何能发出这么巨大的能量？这些能量是从何而来的呢？我们观察到似星体的中心有一个巨大的黑洞，它将大量掉入的气体、尘埃与星球转换成巨大的能量。图 19.16 是由哈勃太空望远镜所提供的似星体影像，可以清楚地看到它们具有像亮星一样的绕射十字星芒。中间与右边两行的影像，透露出似星体与星系的碰撞和合并有关。那是星系碰撞时所产生的大量残渣，刚好可以用来喂食饥饿的黑洞。

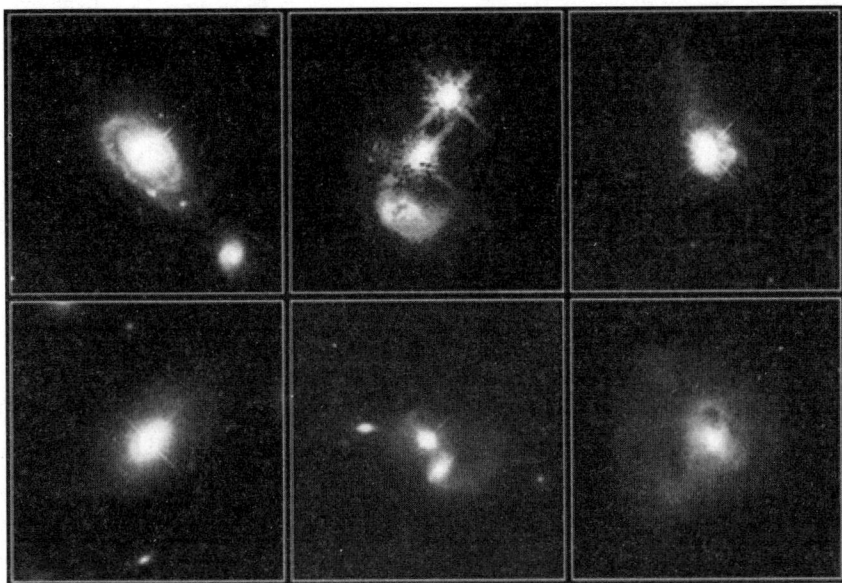

图 19.16　由哈勃太空望远镜所提供的似星体影像中，可以清楚地看到它们具有像亮星一样的绕射十字星芒。中间与右边两行的影像，透露出似星体与星系的碰撞和合并有关。

图片来源：http://www.qznow.com/simple/?t2393.html

·星舰日志第 23 年

星舰日志第 23 年，星舰飞行距离破百亿大关。回想 23 年前搭乘企业号星舰从地球出发远征时，还是一位翩翩美少年，如今已是发鬓半白、小腹微凸的中年人了。如果把宇宙的边缘定在 200 亿光年的地方，则到第 23 年末，星舰算是到达宇宙边缘的中途站。

·星舰日志第 24 年

星舰日志第 24 年，星舰开始以一个 g 减速，并将船舱方向做 180° 的对调，并估计再经 23 年后，星舰停在距离太阳系 200 亿光年处的宇宙。算一算，从地球出发，穿越 200 亿光年的太空，星舰来到这宇宙的边缘，总共花了 46 年的时间。不过，能以有限的生命穿越整个大宇宙，亲眼看见宇宙各种神秘现象的发生，也已不虚此行了。

·星舰日志第 47 年

星舰日志第 47 年，地球时间经过了 200 亿年，星舰在距地球 200 亿光年的宇宙边缘处，做短暂的停留观测后，开始沿原来的路往回走。第一代航天员已 60 多岁，星舰内的所有工作已全部移交给第二代航天员。第二代航天员全部都是在星舰上出生的，他们非常期待能够再回到人类的老家——地球。不过他们很担心，当他们回到太阳系时。地球是否还存在？因为现在所在的位置是距地球 200 亿光年的地方，星舰回到地球需 46 年，地球同时又经历了另一个 200 亿年。

·星舰日志第 96 年

星舰日志第 96 年，地球时间过了 400 亿年，企业号星舰回到本银河系，第二代航天员已接近 80 岁，星舰工作移交给第三代航天员。第三代航天员寻找他们祖父母口中念念不忘的太阳系和地球，但他们可能永远也找不到了。400 亿年时间已经超过了地球存在的寿命，地球、太阳系，甚至银河系早已不存在了，取而代之的是新的太阳系、新的银河系。当然，在新的太阳系中可能出现新的生命形态，但也绝不是第一代航天员所念念不忘的地球人了。

对于第一代航天员而言（如果他们还活着的话，应该有 110 岁了），看到太阳系、地球的消失，他们心中有着严重的失落感，犹如失了根的兰花；但对于第二代、第三代航天员而言，星舰就是他们的家，从出生以来就是在星舰上生活、工作，地球对他们而言，只是千万个星系中的一个小行星。地球的消失是再自然不过的事情了，有什么好失落、悲伤的呢？

20 星际超级航舰: 地球

　　在上一单元中我们介绍了星际旅行的可行性。利用时间延缓效应，以接近光速飞行的星舰花了 46 年的时间，从地球出发穿越了 200 亿光年的浩瀚太空来到宇宙的边缘（当然，因为宇宙在不断膨胀，严格来讲，并无真正的宇宙边缘存在）。因此，以人类短暂的生命游遍全宇宙，实乃非难事，只要人类可以研究出接近光速的反物质或核聚变推进引擎。

　　在前面的讨论中，我们也隐约感觉到一件很有趣的事情——"回到未来"。星舰日志第 96 年，当星舰又回到地球时（假设地球仍存在），所看到的地球是已经演化 400 亿年后的地球了。也就是说，星舰花了 96 年的时间进入 400 亿年后的地球世界，如果那时地球还存在的话，大概也是垂死的冷寂星球。星舰上的航天员若想见见他们地球上的亲人，可就要大失所望了。我们又提到，对于星舰上的第二代及第三代航天员而言，星舰就是他们的家，就是他们心中的地球；第一代航天员心中所眷念的地球，对第二代、第三代航天员而言，只不过是一颗普通的行星罢了！

　　企业号星舰要能在太空中旅行几十年，甚至上百年的时间，可想而知，它要非常大，能让航天员世世代代在里面生活，因此它至少要包含下面的设施与功能：

　　（1）要有源源不断的氧气供应。

　　（2）需能培育各种蔬菜、水果，以提供均衡的营养。

　　（3）要有取之不竭的水源。

　　（4）要有足够的金属矿藏，提供星舰本体结构的修补及仪器设备的更新。

　　（5）要有足够的防护能力抵抗宇宙辐射线的侵袭，以及陨石的碰撞。

　　（6）要有足够的光源。

　　（7）要有源源不断的能量供应，除了提供星舰本身的动力外，星舰内的各种交通运输，日常生活、娱乐等也需要持续的电力供应。

　　以上所列七个要求只是最主要的，另外还有许许多多次要的要求。因此，要制造一艘能长久在太空中飞行的星舰实非易事。不过，让我们很惊讶的一件事情是，实际上满足上述七大条件的巨大星舰早已建好，而且已载着人类在太空中飞行了几万年，它是什么呢？没错，这艘巨无霸星舰就是地球。地球这艘星舰设计得这么巧妙，可以说是天衣无缝。

　　人类生活在地球上，而地球是在宇宙太空中飞行，称人类为航天员是一点也不牵强的。为了要抵抗宇宙辐射线的侵袭以及陨石的碰撞，地球号星舰的设计者制造了浓厚的大气层以保护地球；为了让地球号星舰内的航天员得到足够的光源，地球号星舰的设计者制造了一个持久不灭的光源——太阳；为了让地球号星舰内的航天员有持续不断的水源供应，设计者挖了巨大的水池储存了大量的水——海洋；为了提供航天员均衡的营养，设计者在地球号星舰内培育了各式各样的植物，繁殖了各种动物；为了提供航天员在星舰内交通运输所需要的能源，设计者在星舰内蕴藏了大量的石油、天然气等矿产。

巨无霸星舰——地球

图 20.1 地球是一艘巨无霸星舰，大气层就是它的防护罩。人类生活在地球上，随着地球在宇宙太空中飞行，是名副其实的航天员。

图片来源：http://fun-zone.ro/planete.html

地球号星舰的设计近乎完美，星舰内的环境可维持几万年而几乎保持不变。星舰内的航天员一代传一代。虽然第一代航天员所要完成的太空旅行任务，已渐渐被遗忘，但这个太空任务似乎也不是留给下一代的航天员的借口，地球号星舰的飞行路径早已被锁定，依照某一特殊椭圆轨道围绕太阳而转，太阳又绕银河中心而转，银河中心又绕本星系群而转，一层扩大至一层，没有终止。地球运行的轨道由自然界的重力定律巧妙地被锁定，什么时间该运行到什么地方，似早有安排。虽然由于文明的进展、知识的累积，地球号星舰上的航天员渐渐明白了星舰（即地球）在太空中的运行规律，但也仅止于明白的阶段，而无法去改变已设定好的自然规律。

图 20.2　地球星舰上的海洋资源与绿色资源提供给星舰上的航天员——人类，世世代代的生活所需。

图片来源：http://www.nipic.com/suijie26

　　如果将地球比拟为航行于浩瀚宇宙中的巨大星舰，那么，我们为何未曾听说有关地球这艘星舰的太空任务呢？其实如果太空任务是用语言或文字一代一代传承的话，那可就不确定了，而且可能变成一种传说，以讹传讹。如果你是地球号星舰的设计者，你如何让星舰的太空任务在航天员的身上一代一代传下去，几万年都正确无误地传下去呢？最可靠的方法就是把任务的密码藏在航天员的遗传基因DNA上。

随着文明的进步，人类从登陆月球、登陆火星、探索外行星，甚至无人宇宙飞船飞离太阳系，正一步步地进行我们人类遗传中所隐藏的太空梦想。当我们抬头仰望天际，对浩瀚太空总有一份说不出的期待与好奇，没来由地总有一股冲动想要去探究它。这份对太空的神秘感情，不分种族，不分年代，深深地烙印在人类的内心深处——遗传基因DNA上。这正如一种北方的候鸟，当冬天快来临时，它们会成群结队地去南方避寒，它们飞越数万千里，准时而且正确地飞到一个它们未曾到过的南方小岛上。这个小岛是它们的祖先每年避寒、繁衍下一代的地方。候鸟如何知道它们的飞行目的在哪里呢？候鸟为何飞行数万千里而不会迷失方向呢？候鸟如何把讯息正确地一代传一代呢？

有关候鸟南迁的一些疑问，科学家至今还不十分清楚，但可以确定的是，南迁时的目的地及飞行路径极有可能是以遗传基因的形式记录下来。人类的太空任务何尝不是如此呢？人类——地球号星舰上的航天员，虽然有时会因生活上的一些琐事忘了，自己是乘着地球这一艘巨大星舰在浩瀚的宇宙中遨游；也许是地球号星舰的防护罩——大气层，设计得太好，让航天员不用着太空装，就可以在地球号星舰上自由地活动，因而让地球星舰上的人类忘记了自己是一艘巨大星舰上的航天员。但人类遗传基因中所隐藏的太空任务密码是永不会消失的。

人类渴望探索太空，渴望看到来自外层空间的朋友，正如候鸟南迁的讯息一般，一代传一代，在人类的身上不停地发生着。

图20.3 人类渴望太空探索，渴望接触来自外层空间的朋友，正如候鸟南迁的讯息一般，一代传一代。

图片来源：http://www.bbzhi.com/chahuabizhi/yuzhoutansuotaikongyuhangtiancgchahuaer/down_ 5856 3_8.htm

21 外星人与现代人类的起源

　　人类遗传基因似乎隐藏着某种太空任务密码，正如候鸟南迁的讯息一般，一代传一代，不停地驱使人类进行太空探索，寻找外星生命，也不时地提醒着人们，太空才是我们的终极故乡。遗传基因内所隐藏的这股"想飞"的讯息，会不会源自那古老的神话传说：人们是从那遥远天空的某颗星星下凡来到人间的吗？这不完全是揣测，佛经与《圣经》都不约而同地有类似的记载。

　　《增一阿含经》中提到，地球初成时，光音天 [1] 上的天众男女，因天福享尽，以神足飞行，先后来到地球。见地上有甘泉涌出，美如酥蜜，人人贪食而致身体粗重下沉，着地而行。原本灵妙幻化之身，渐渐形成了物质的骨肉躯体，于是失去了神足，也失去了自然天衣，不得再飞腾空中，更不能再回到天上。于是成了世间的凡人，在地球上住了下来（参见图 21.1）。所以从佛经的观点来看，我们是由天外生命转化而来，天外还有我们的故乡。

---

[1] 佛教的天有 28 层，由下而上分别为欲界 6 天，色界 18 天，无色界 4 天。其中色界的 18 天包含初禅 3 天、二禅 3 天、三禅 3 天、四禅 9 天。而光音天正是二禅 3 天里的第三天。

图 21.1　据《增一阿含经》记载，地球人是由光音天的天众男女转化而来。
图片来源：http://yestw.pixnet.net/blog/post/56561986

　　从科学的观点来看，地球是一艘制造得完美无缺的太空航行器，这艘航行器可以自给自足，提供数十亿航天员的生活所需，若能珍惜、节约使用，至少达数百万年之久而不虞匮乏。那么，这样一艘完美无缺的宇宙星舰是谁制造的呢？这星舰上的航天员（地球人）是谁放进去的呢？

　　这是一个很有趣的问题，宗教界和科学界各有不同的看法。刚才分析了佛经的看法，再来看《圣经》怎么说。《圣经·创世纪》对于地球号星舰及其上面航天员的制造流程描述得很清楚：

　　（1）第一天使星舰内有白天和晚上的周期变化。

　　（2）第二天制造空气和水。

　　（3）第三天制造大水池（海洋）与陆地，海洋用以储存水，陆地用以生长青草、蔬菜和果树。

（4）第四天制造星舰内的照明设备。太阳是白天用的照明设备，月亮是晚上用的照明设备。

（5）第五天制造水中的鱼虾及空中的飞鸟，并使它们世代繁衍。

（6）制造星舰内的航天员，使他们管理星舰内的事务。

《旧约圣经》把地球号星舰及航天员的制造者称作上帝（参见图21.2）。上帝不仅制造了星舰（地球）及星舰上的航天员（地球上的人类），当航天员的行为有所偏差时，上帝也会适时地给予启示，甚至派他的独生子来到星舰上教导航天员。

地球

图21.2 据《旧约圣经》记载，地球以及其上的生命是由上帝所创造。

图片来源：www.fuyinchina.com

对于人类的起源，科学界的看法与宗教的看法有所不同。达尔文的进化论认为，地球及其上面的所有动植矿物，包括人类，均是由最单纯的粒子开始演化，从单细胞到多细胞，从低等生物到高等生物，按照物竞天择、适者生存的自然规律慢慢演化而来的。从各地的出土文物及考古的研究来看，对于地球号星舰及人类的形成，比较倾向于达尔文"进化论"的说法，而佛经的"天人下凡"论或《圣经》的"创造"论，表面上看起来和考古学的发现偏差较大。

虽然如此，进化论的观点目前也受到相当大的考验，问题出在人类的演化史上出现了一段空白，至今仍然无法解释。因为考古学家发现，从 10 万年前的尼安德塔人（Neanderthal），到 3.5 万年前的克罗马侬人（Cro-Magnon man）之间，找不到明显的人类演化证据。克罗马侬人和现代人几乎没有两样，但克罗马侬人是否从更早期的智人演化而来，现仍缺乏有力的证据，导致现代人类的起源也有了争议。

尼安德塔人是史上最成功的人种之一，他们凭借着惊人的环境适应力，克服冰河时期严寒的极地气候，主宰欧洲长达 25 万年之久。直到 3.5 万年前，克罗马侬人长驱直入欧洲，喧宾夺主，并在 3 万年前将欧洲原住民尼安德塔人逼入灭亡绝境。

生存了 25 万年之久的尼安德塔人为何没能演化成现代人？Discovery 频道曾经在 2001 年制作了一个专辑（参见图 21.3），探讨环境适应力较差的克罗马侬人为何能成为新的地球主宰，并提出两个关键点：其一，他们的思考能力比尼安德塔人高明；其二，他们丰富的语言文化使其在沟通上占了较大的优势。

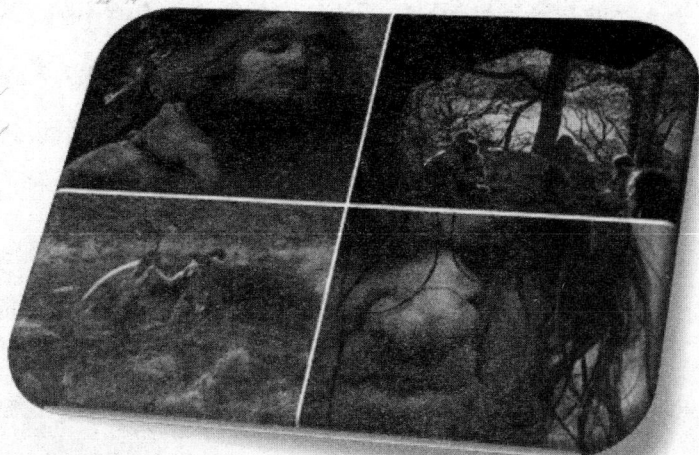

图 21.3 尼安德塔人与克罗马侬人之间的演化断层，导致现代人类起源的争议，有一派的说法是：外星人是现代人类的祖先。

图片来源：http：//wiki.jlpzj.net/view/File：Neanderthal_%27s_World_screen1.jpg

　　克罗马侬人的考古发现是在 1868 年 3 月，地质学家路易·拉尔泰（Louis Lartet）在法国多尔多涅省埃齐耶（Les Eyzies）的克罗马侬石窟里挖掘到 5 具骨骼遗骸。其中的模式标本是一颗颅骨，被命名为"克罗马侬 1 号"。这些骨骼与现代人类拥有相同特征，包括较高的前额、直挺的姿态，以及纤细的骨架。之后，在欧洲其他地区以及中东，也发现了相同特征的标本。根据遗传学的研究，克罗马侬人可能源自非洲东部，经过南亚、中亚、中东来到了欧洲。克罗马侬人在法国、德国、西班牙等国留下了大量史前岩画洞，表示他们具有一定的艺术水平[1]。

　　尼安德塔人（10 万年前）与克罗马侬人（3.5 万年前）虽然各自留下了丰富的考古纪录，但是，介于他们之间的数万年演化历程却一

[1] 中文维基百科，条目"克罗马侬人"。

206

直无法厘清。克罗马侬人标示着现代人类行为模式演化的起点，但这种行为模式与尼安德塔人完全不同，它是如何产生的呢？有一派学者认为现代人类行为模式的诞生关键在于基因变异，他们认定人类创造力是突然出现于欧洲的克罗马侬人身上，而非逐渐演化来的。

　　突变的说法获得外星人学派的支持，他们进一步推断克罗马侬人跳跃性的演化是源自外星人参与的结果。这一派的学者认为克罗马侬人是外星人以先进的基因工程技术在地球上所培育出来的人种（参见图 21.4）。他们的论点是根据人类最早的文字"书末文"（Sumer）的记载而得来的。

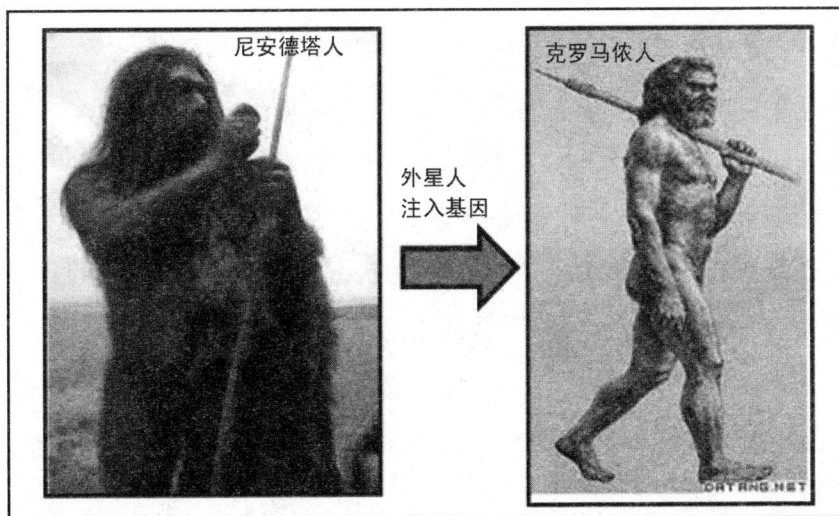

图 21.4 尼安德塔人与克罗马侬人之间的演化断层，导致现代人类起源的争议，其中一派认为外星人是现代人类的祖先。

图片来源：http://english.turkcebilgi.com/caveman

假飞碟，才是真科学
Fake UFO, Real Science

根据历史学家的推算，书末文应在公元前 3400 年左右即已出现。书末文记载着 5000 年前美索不达米亚的文物史迹，现已出土的书末文是写在黏土片上的，估计已经出土的黏土片大约有 25 万个，其中 95% 是庙堂记录、法院记录、行政记录以及商务记录等。而剩下的 5% 是关于文艺诗词作品，在这些作品里面有许多提到神类造人的故事。

研究书末文的专家西秦[1] 指出，按书末文的字义，神类所指的即是来自太空的人。他更进一步引用书末文的记载，指出外星人曾在地球上进行采矿的工作，由于采矿需要大量的劳力，而当时的地球上已有原始猿人（应指尼安德塔人）在活动，因此，外星人便采集原始猿人的精子，将之置于女外星人的体内使之受胎，因而生产了大量的"人"进行采矿的工作。后来人类繁衍众多，反而使外星人感到困扰，于是他们融化了冰山造成大水，以便消灭一些人类。

研究《圣经》来源的学者发现，《旧约圣经》的内容主要源自美索不达米亚的传说，因此，若西秦的考证与推断正确的话，《创世纪》中所提到的上帝造人及诺亚方舟，所指的应是书末文中记载的外星人造人及融化冰山造成洪水淹灭人类的传说。

外星人将遗传基因注入尼安德塔猿人身体中，而产生新的人类品种——克罗马侬人，确实很好地解释和说明了，为何尼安德塔人和克罗马侬人间会有进化上的断层。不过因为出生的书末文黏土片大多残破不全，造成解读上的诸多困难，因此，西秦所做的有关外星人创造人类的推断是否完全正确还有待考古挖掘工作的进一步证实。

---

[1] 张瑞夫，人是上帝造的吗？老古文化，1992 年。

另外一派的学者则认为，"基因突变导致现代人类产生"的理论过于简化，而且证据薄弱，他们转向克罗马侬人的老家非洲寻找答案。2000 年，美国康乃狄克大学（University of Connecticut）的麦克布瑞尔提博士与乔治华盛顿大学（The George Washington University）的布鲁克斯博士合写的一份研究报告指出，非洲近年来发掘出的许多考古文物显示，现代人类行为模式并非突如其来发生的，而是由散布在广阔时空的多处遗址中逐渐累积，然后再传送至世界其他地区。也就是说，之前所认为的 10 万年前到 4 万年前的人类演化断层，目前已经在非洲及亚洲地区挖掘到相关的人类遗迹。这些出土的文物显示，人类创造性与象征性的思维应该是在许多地区逐步演化出来的，而不是由于基因变异突然在某个单一地区出现。

2010 年 5 月 7 日的《科学》期刊上，发表了一篇德国莱比锡马克斯·普朗克演化人类学研究所的最新考证结果，指出今日居住在非洲以外的人类，体内有 4% 的 DNA 是来自尼安德塔人，亦即欧洲人与亚洲人都是尼安德塔人与早期智人混血繁衍的后代。这一考证结果，是从克罗埃西亚文狄甲洞穴出土的三根 3.8 万年前的尼安德塔人骨头化石中取得 DNA 并建立了第一个尼安德塔人基因组草图，它大约是尼安德塔人完整基因组序列的 60%。通过这一基因排序技术，填补了现代人类与尼安德塔人间的演化断层，也间接否定了现代人类完全是由克罗马侬人演化而来的说法。